KB042752

서촌
이야기

최준식 지음

주류성

목차

들어가며

내가 서촌을 드나들기 시작한 것은 1990년대 말 혹은 2000년대 초 무렵이었다. 그때에는 북촌이 서서히 뜨기 시작하던 때라 북촌을 뻔질나게 다니는 바람에 서촌에 대해서는 그다지 주목하지 않았다. 북촌에도 볼거리가 많았던지라 서촌까지 신경 쓸 여력이 없었던 것이다. 그러다 가끔 서촌에서 약속이 생기는 적이 있었다. 서촌에는 오래된 식당이 많이 있어 식사 약속을 한 것이다. 그럴 때에 서촌을 간헐적으로 들여다보곤 했는데 이미 북촌에 익숙해 있어 그런지 서촌이 그다지 매력적으로 보이지 않았다. 이 말에 대해서는 양 지역을 다녀본 사람이라면 이해할 수 있을 것이다.

북촌은 한옥을 보호하자는 운동이 비교적 일찍 일어나

다세대 주택으로 뒤덮인 북촌의 어느 지역

많은 한옥이 살아남을 수 있었다. 이에 대해서는 내가 북촌에 대해 쓴 책(『동북촌 이야기』와 『서북촌이야기』 상하)에서 상세하게 설명했다. 이 노력으로 북촌은 지금 한국에서 '한옥이 가장 많은 지역'이라는 영예를 갖게 되었다. 특히 북촌한옥길을 중심으로 한 가회동 지역에는 규모가 상당한 한옥 마을이 형성되어 있다. 그래서 그 지역은 한반도 전체에서 한옥 문화를 대표하는 지역이 되었다. 그러나 이 북촌에도 한옥이 철저하게 파괴된 지역이 있다. 사람들은 이 지역에 잘 가지 않아 이곳이 어디인지 모른다.

이곳은 창덕궁과 중앙고등학교 사이의 지역을 말한다. 그곳에는 작은 고개가 하나 있는데 이 고개는 이른바 '빌라'라 불리는 다세대주택으로 뒤덮여 있다. 사진에서 보는 것처럼 콘크리트로 만든 집만 있는 것이다. 그래서 그곳에 처음 간 사람들은 여기에 원래부터 이 같은 다세대주택이 있었을 것이라 생각한다. 그것이 사실이 아니라는 것은 한 번만 생각해보면 알 수 있다. 이 지역은 궁궐에 바로 연해 있는데 어떻게 이런 현대 주택이 있을 수 있겠는가? 이곳은 당연히 온통 한옥만 있던 지역이었다. 그러던 게 개발 광풍이 불면서 있던 한옥을 다 쓸어버리고 이렇게 다세대 주택으로 도배한 것이다.

서촌도 다세대주택이 마구 들어선 것은 북촌과 마찬가지인데 북촌과 비교해볼 때 서촌은 조금 다른 과정으로 변화했다. 서촌은 청와대의 지척에 있는 바람에 여러 가지 규제가 있었던 모양이다. 노령의 주민에 따르면 자유당 시절에는 효자동에 외지인이 자고 가려면 관계 기관에 미리 신고를 해야 했단다. 이것은 대통령의 경호를 위해 외지에서 오는 사람들을 통제하려는 것이리라. 그러다 1990년 말 건축 규제가 완화되자 그곳에 빼곡했던 한옥들이 헐려나가고 다세대 주택들이 들어서게 된다. 그러던 중 2010년 서울시가 경복궁의 서편 중 청운동, 효자동, 통의동 일대를 대상으로 한옥 보존 대책을 발표하게 된다. 그래서 그 뒤부터는 자연스럽게 한옥이 보존되는 추세로 가게 되었고 그 때문에 다세대 주택이 줄어들고 현재의 모습이 되었다. 그러나 서촌도 박노수 가옥이 있는 쪽으로 가보면 온통 다세대 주택으로 도배된 것을 알 수 있다. 1960년대에 그곳에 살았던 주민에 따르면 안쪽으로 들어갈수록 초가가 많았다고 한다.

서촌이 매력적인 이유　이 즈음에 내가 서촌을 돌아다녔기 때문에 내 눈에는 서촌의 모습이 매력적이지 않았다. 특히 외국인들을 안내할 때에는 그들을 북촌으로 데리고 갔지 서촌은 골목길도 복잡하고 신축된 양옥 건물들이 산재되어 있어 별로 안내하고 싶은 마음이 들지 않았다. 그럴 수밖에 없는 것이, 북촌이나 서촌이 모두 정세권이 지은 중소형 한옥으로 뒤덮여 있지만 북촌에는 그래도 윤보선 가옥이나 백인제 가옥 같은 큰 한옥들이 있는데 서촌에는 그런 것이 없었기 때문이다. 서촌에는 규모 있는 전통 한옥이 거의 없었는데 극히 최근(2017년)에 홍건익 가옥이 개수되어 일반에게 공개되었다. 그러나 이 집도 북촌의 백인제 가옥 등과 비교해보면 그다지 규모 있는 집이 아니다. 따라서 서촌을 가봐야 한옥을 제대로 체험할 수 없었기 때문에 발길이 내키지 않은 것이다.

그러던 중 대학원 수업에서 이 지역을 심층적으로 답사

하는 세미나를 하게 되었다. 그때 학생들과 같이 서촌을 파보니 이곳이 대단한 지역이라는 것을 뒤늦게 절감하게 되었다. 어떤 것이 대단한 것인가는 본설에서 서서히 밝히겠지만 서촌에서 가장 좋았던 것은 이곳은 사람들이 살고 있었다는 것이었다. 마을에 사람이 살고 있다는 것은 당연한 이야기일 텐데 이것을 거론하는 이유는 북촌과 비교되기 때문이다. 북촌은 좋은 한옥들은 많은데 당최 주민들이 보이지 않는다. 특히 북촌한옥길이 있는 가회동 지역에서는 실제로 그곳에 사는 주민들을 만나기가 쉽지 않다. 그래서 밤에 가 보면 대부분의 집들이 불이 꺼져 있다. 또 그곳은 주택만 있고 식당이나 술집 같은 편의시설이 거의 없다. 단지 찻집만 몇 집 있는 정도다.

이에 비해 서촌은 어떤가? 서촌은 항상 사람들로 북적여 흡사 밤을 잊은 지역 같다. 주민들이 살고 있을 뿐만 아니라 시장, 식당, 술집, 찻집 등이 차고도 넘쳐 생생하게 살아 있다. 그리고 이전에 이곳에 살았던 사람들도 다양하기 그지없다. 조선 초기부터 시작해서 조선말을 거쳐 일제기까지 서촌에는 수많은 유명인들이 살았다. 나중에 자세하게 보겠지만 세종, 영조, 정선, 천수경, 이상, 노천명, 이상범, 이완용, 윤덕영 등등 국왕을 비롯해서 양반, 중인, 예술가, 친일파 등과 같은 다양한 계층의 사람들이 이곳에 살았다. 심지어 미국의 선교사들이 살던 집도 있다. 이런 다양성이 북촌에서는 보이지 않는다. 집도 식민지 시대의 일본식 집을 비롯해서 1930년대에 지은 한옥도 있고 1960년대에 지은 연립주택이나 양옥 등이 오밀조밀하게 모여 있다. 이 점에 대해 서울대 국어교육과에서 교편을 잡은 적이 있는 로버트 파우저 교수는 서촌은 '20세기 초 한국 서민들 삶의 전시관'이라고 묘사했다.[1]

서촌에서 직접 살았던 파우저 교수에 대해서도 할 말이 많다. 이 분은 일본의 대학에서 한국어를 가르치는 등 재미있는 이력을 갖고 있다. 그가 한국에서 살 때에는 한옥을 사랑한 나머지 이 서촌에 한옥을 얻어 살았다. 그런 그가 이상의 집터에 있는 한옥을 헐겠다는 발표가 있자 앞장서서 서촌 한옥 보전 운동에 열을 올렸다. '서촌주거공간연구회'라는 단체의 초대 회장까지 맡았으니 그 열의를 알 만하다. 그런 그였는데 자꾸 고층 건물이 들어서고 그 때문에 인왕산이 잘 보이지 않자 미련 없이 서촌을 떠나고 말았다. 우리는 이 분의 고충을 십분 이해할 수 있다. 우리도 이런 한옥 마을에 다세대 주택과 같은 양옥이 자꾸 들어서면 안타깝기 때문이다. 그러나 서촌은 여전히 매력적

1) 경향신문, 2011년 9월 15일 자

인 곳으로 남아 있다. 파볼수록 매력이 스멀스멀 번져 나오는 곳이 이 서촌이다. 이제 그 매력 덩어리를 찾아 떠나보자.

서촌 답사 코스와 그 역사에 대해

답사를 시작하기에 앞서 잠깐   이제 답사를 나가려는데 어디서부터 시작해야할지 난감하다. 왜 난감하다는 걸까? 이유는 간단하다. 서촌이 광활해 어디서부터 시작하는 게 좋을지 가늠이 안 서기 때문이다. 이 사정은 북촌 답사를 갔을 때에도 같았다. 북촌도 영역이 광활해 한 코스로 북촌 안에 있는 유적들을 다 보는 일이 가능하지 않았다. 누누이 말한 대로 답사는 보통 2시간 내지 2시간 반 이상을 지속할 수 없다. 피곤하기 때문이다. 그런데 이 시간으로는 북촌을 다 볼 수 없다. 그래서 나는 북촌을 세 군데로 나누어 답사 코스를 짰다. 그리고 그것을 세 권의 책(『동북촌 이야기』와 『서북촌 이야기』 상하)으로 분할해 출간했다. 세 코스는 각각 시작점이 달랐다. 코스가 다르니 시작점이 다르게 되는 것은 당연한 일이다. 그런데 각 코스가 2시간 정도로 되어 있으니 이 계산으로 하면 북촌 전체를 보려면 6시간이 걸리는 것이 된다.

서촌 답사 코스

수성동계곡

3호선 경복궁역

① ⑤ ② 3-1 ③ ④

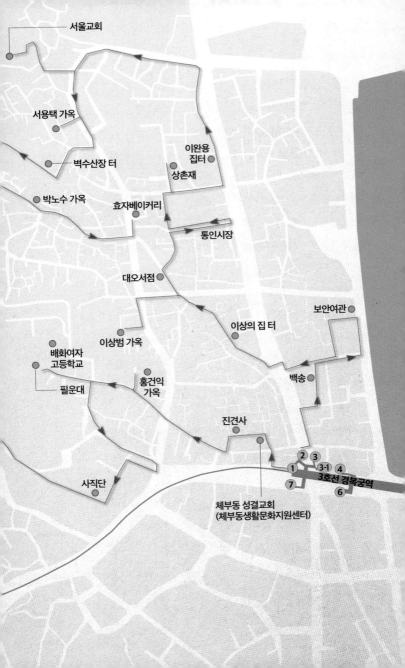

서울교회

서용택 가옥

벽수산장 터

박노수 가옥

이완용 집터

상촌재

효자베이커리

통인시장

대오서점

이상의 집 터

보안여관

이상범 가옥

백송

배화여자
고등학교

필운대

홍건익
가옥

진견사

사직단

2
3
1 3-1
4
7 3호선 경복궁역
6

체부동 성결교회
(체부동생활문화지원센터)

같은 상황이 서촌에서도 벌어졌다. 답사 코스를 아무리 잘 짜려고 해도 서촌 전 지역을 2시간 남짓 되는 시간에 다 돌 수는 없었다. 한 번에 전체를 돌 수 있는 그런 답사 코스는 애당초 불가능했던 것이다. 시간도 턱없이 부족하고 시간이 된다 해도 도저히 전 지역을 '카바'할 수 없었다. 한 번에 모든 유적지를 볼 수 있는 코스가 나오지 않았다. 그래서 시험 삼아 나누어 보니 이곳 서촌도 북촌처럼 세 부분으로 나눌 수 있을 것 같았다. 어떻게 나누면 세 부분이 될까?

보통 서촌의 주요 답사로는 '우리 은행' 효자동 지점에서 시작하는 자하문로7길을 중심으로 펼쳐진다. 그러나 자하문로1길로 되어 있는 '세종마을 음식문화거리'도 그냥 지나칠 수 없다. 특히 그곳에 있는 체부동 성결교회는 꼭 들러야 하는 곳이다. 자하문로7길로 가려면 우리는 경복궁역 2번 출입구에서 만나야 한다. 그곳에서 위로 올라가다 왼쪽으로 자하문로7길을 만나면 그리 들어가면 된다. 그러면 곧 이상의 집터가 나오고 거기서 조금 더 올라가면 자하문로2길이 나온다. 거기서 왼쪽으로 꺾으면 노천명 가옥이 나온다. 이 집서 조금 더 가면 필운대로를 만나게 되고 다시 오른쪽으로 꺾어 조금 더 올라가다 왼쪽 골목으로 들어가면 이상범 가옥이 나온다. 그리고 다시 나와 필운대로를 올라가다 자하문로9길을 만나면 오른쪽으로 꺾고 곧 왼쪽으로 자하문로7길로 들어가면 대오서점이 나온다. 그 길로 더 가면 다시 필운대로를 만나는데 거기서 오른쪽으로 가면 통인시장을 구경할 수 있다. 시장을 다 본 후에 수송동 계곡으로 올라가면 박노수 가옥이 나오고 곧 윤동주 하숙집 터가 나온다. 그리고 곧 아름다운 수송동 계곡을 만난다. 이 계곡에서 기린교는 물론 계곡 곳곳을 들여다보고 옥인아파트 잔해까지 보면 어느덧 2시간이 훌쩍 지나가기 마련이다. 그러면 배가 고파져 식당을 찾기 마련인데 그럴 때 대부분 그곳이 종점으로 되어 있는 마을버스를 타고 경복궁역으로 다시 나온다. 그리곤 체부동 근처의 식당에 가는 것으로 답사가 끝난다.

그런데 이렇게 다니게 되면 서촌의 주요 부분이 적지 않게 빠지게 된다. 어떤 부분이 빠진다는 것일까? 우선 이 지역에는 주요 명소인 사직단이 있다는 것을 잊어서는 안 된다. 우리는 이 사직단을 중심으로 놓고도 좋은 답사 코스를 짤 수 있다. 사직단을 제대로 보려면 근 한 시간은 걸릴 게다. 특히 사직단의 정문은 보물로 되어 있으니 좀 더 관심을 기울여서 보아야 할 것이다. 이 지역에는 또 홍건익 가옥이라는 규모 있는 한옥이 있다. 필운대로1길에 있는 이 집은 앞에서 언급한 것처럼 서촌에서는 거의 유일하

아름지기 사옥

게 개방된 한옥이라 가지 않을 수 없다. 그리고 그 길을 따라 조금만 더 올라가면 배화여중고와 배화여대가 나온다. 여기에는 1920년대 미국 선교사들이 세운 양옥이 있다. 그리고 맨 안쪽에는 이항복의 집터로 알려진 필운대가 있다. 필운대는 정리가 잘 되어 있지 않아 지저분한데 그곳서도 할 이야기가 많다. 다시 나와서 한국 최초의 공립도서관이라는 종로도서관 쪽으로 가면 단군성전을 만날 수 있다. 그곳서 조금 더 가면 국궁장으로 유명한 황학정이 나온다.

    그곳에서 다시 서촌으로 나올 수 있지만 나는 그보다 인왕산로를 따라 더 올라가는 것을 좋아한다. 그러면 곧 북악스카이웨이로 가는 찻길을 만나게 된다. 찻길 옆에는 숲

사이로 산책로가 있어 그 길로 가게 되는데 이곳은 기분 좋게 걸을 수 있는 길이다. 그러다 기분이 나면 택견의 마지막 전수자였던 송덕기 옹이 수련했다는 곳에도 가볼 수 있다. 그렇게 조금만 더 가면 수송동 계곡으로 내려가는 길이 나온다. 이렇게 가면 밑에서 볼 때와는 다른 수송동 계곡을 감상할 수 있는데 여기까지 오면 2시간 정도가 지난다. 그런 다음에 기운이 남으면 걸어 내려가면서 박노수 가옥이나 통인시장 등 첫 번째 코스에서 말한 곳들을 들리면 된다. 그러나 보통 수송동 계곡에 오면 다리가 풀려 그냥 마을버스를 타고 경복궁역으로 나오는 경우가 많다.

이렇게 다니면 꽤 많은 유적지를 본 것 같지만 이곳에는 아직도 가지 않은 곳이 많다. 첫 번째 코스에서 우리는 바로 이상의 집터로 갔는데 그럴 경우 경복궁 담에 연해 있는 중요한 것들을 놓치게 된다. 이곳으로 가려면 경복궁역 4번 출입구를 나와 효자로로 가서 궁의 담을 따라 걸어가야 한다. 그러면 그곳에도 꼭 보아야 할 것들이 많이 있는 것을 알 수 있다. 우선 만나는 곳은 아름지기 사옥이다. 이곳은 재단법인체로 한국 문화의 보존과 발전적 계승을 위해 많은 일을 하는 곳인데 사옥 안에는 아주 잘 지어진 한옥 건물이 있다. 이 한옥은 밖에서는 잘 보이지 않아 사람들이 잘 모른다. 이 한옥은 잠깐이라도 볼 필요가 있는 좋

서울 교회에서 바라본 서촌 전경

은 집이다. 그리고 아름지기 사옥을 끼고 골목길로 들어가
면 통의동 백송이 있던 곳으로 갈 수 있다. 이곳에도 많은
이야기 거리가 있다.

백송 터를 나와 다시 큰 길인 효자로로 와서 조그만 올
라가면 그 유명한 보안여관이 있다. 이 여관에 얽힌 이야
기도 얼마나 많은가? 요즘은 상상도 할 수 없을 만큼 허름
한 여관의 내부를 보는 것이 재미있어 서촌에 오면 이곳을
꼭 들려야 한다. 대체로 이런 것들이 이 지역에서 보아야
할 것들인데 첫 번째 코스로 가면 이곳은 오기 힘들다. 서
울시에서 만든 '웃대 탐방'이라는 제목의 팜플렛을 보니까
서촌 답사 코스의 맨 마지막을 이 보안 여관으로 잡아 놓

았다. 이상의 집터를 지나 수송동 계곡까지 갔다가 통인시장을 거쳐 보안 여관으로 오는 것인데 이렇게 할 경우 힘들어서 보안 여관은 보는 둥 마는 둥 하기 십상이다. 마지막이라 힘들기 때문이다. 그러나 보안 여관은 중요한 곳이라 나는 이 책에서는 이 보안 여관을 앞부분에 놓으려고 한다. 다시 말해 이 보안 여관을 보는 것으로 답사를 시작하겠다는 것이다.

이것 말고 놓친 곳이 또 있다. 서촌의 깊숙한 부분으로 생각되는데 필운대로9길로 들어가면 이전에 옥인동 윤씨 가옥으로 불렸던 한옥이 나온다. 이때 말하는 윤씨는 윤덕영으로 그 유명한 벽수산장의 주인이다. 내가 서촌을 공부하기 시작했을 때 이 벽수산장의 존재를 처음으로 알고 크게 놀랐다. 이런 어마어마한 집이 서촌에 있었다는 것이 도무지 믿기지 않았다. 이 윤씨 가옥은 그의 첩을 위해 지은 집으로 알려져 있고 그의 본 집인 벽수산장은 그 위에 있다. 나중에 자세히 보겠지만 윤덕영이 이 일대에 2만 평이 조금 안 되는 땅에 600여 평의 대저택을 지었다고 하니 그 집이 얼마나 큰지 알 수 있다. 그러나 이 저택은 지금은 다 사라지고 흔적으로 돌 몇 개만 남아 있을 뿐이다. 비록 잔해만 남았다고 하지만 그것이라도 보러 갈 만하다. 그런데 이 글을 쓰는 도중에 확인 차 서촌에 다시 갔었는데 그때 벽수산장의 잔해들을 발견하는 쾌거를 이루기도 했다. 이에 대해서는 뒤에서 상세히 밝힐 것이다.

그런가 하면 이 근처에는 자수궁 터가 있고 그 밑에는 이완용의 저택으로 알려진 집도 있다. 그런데 이곳까지 왔으면 반드시 가야할 곳이 있다. 서울교회가 바로 그것이다. 이곳으로 가려면 다소 걸어가야 하는데 이왕이면 '신교동 60계단'으로 알려진 계단을 통해 가면 좋겠다. 이 계단은 이곳서 살던 이들에게는 추억이 많은 곳이라고 한다. 내가 서울교회를 가자고 한 것은 그 교회에서 보이는 전망이 끝내주기 때문이다. 서촌이 다 내려다보일 뿐만 아니라 경복궁도 잘 보인다. 이곳은 서촌에 왔을 때 꼭 가야 하는데 만일 첫 번째 코스로 다니면 이곳은 올 수 없다. 본 코스에서 조금 떨어져 있기 때문이다. 따라서 지금 말한 곳만 보기 위해 날을 따로 잡아서 와야 한다. 이 코스 말미에는 독립지사인 이회영 선생을 소개하고 있는 우당기념관도 넣을 수 있는데 그것은 답사 왔을 때 결정하면 된다.

이런 유적을 다 보아야 서촌을 어느 정도 답사했다는 자신이 생길 터인데 이것들을 다 보려면 5~6시간은 족히 걸릴 것이다. 이런 사정 때문에 북촌을 설명하는 답사기를 낼 때에 세 권의 책으로 나눈 것인데 책을 내고 보니 그게 그리 좋은 선택이 아닌 것 같았다. 독자의 입장에서는 그렇게 책이 분절되어 나오는 것이 바람직 하지 않을 거라는 생각이 든 것이다. 답사하는 사람들은 손에 딱 들어오는 책 한 권만 가지고 다니는 게 간편할 것이다. 그래서 이번 서촌 답사기는 한 권으로 끝낼 요량으로 써보려고 한다. 앞에서 소개한 것 중에 첫 번째 코스를 중심으로 설명하고 나머지는 필요에 따라 간략하게만 다룰 것이다. 이제 답사를 떠나려는데 그 전에 서촌의 유래나 역사에 대해 간략히 보면 좋겠다는 생각이다.

서촌의 간단한 역사에 대해 서촌을 가장 간단하게 말하면 경복궁과 인왕산 사이의 지역이라고 할 수 있다. 행정동으로 말하면 사직동, 청운동, 효자동, 신교동, 궁정동, 옥인동, 통인동, 창성동, 누상동, 누하동 등이 이에 포함되니 상당히 넓은 지역이라 할 수 있다. 서촌의 역사는 그 해당 지역이나 유적들을 답사할 때 자연스럽게 나올 테지만 그것을 보기 전에 한 번 크게 훑는 일이 필요할 것 같다. 서촌의 역사에 대해서는 최종현·김창희 양 씨가 쓴 『오래된 서울』(동하, 2013)만한 책이 없다. 그런가 하면 서울역사박물관에서 편집해 낸 『서촌 역사 경관 도시조직의 변화』(2010)도 전문서로서 훌륭하다.

역사를 보기 전에 서촌이라는 이름에 대해 잠시 보아야

경복궁쪽에서 본 서촌과 인왕산의 모습 (서울역사박물관제공)

겠다. 항간에 서촌이라는 용어 대신에 '웃대'나 '장동'과 같은 용어를 쓰는 경우가 종종 있는데 이보다는 서촌이라는 단어가 가장 잘 어울린다고 할 수 있다. 웃대나 장동이라는 용어가 완전히 틀린 것은 아니지만 서촌이라는 용어가 더 정확해 이 용어를 쓰자는 것이다. 웃대는 윗마을이라는 뜻으로 한자로는 '상촌(上村)'이라고 하는데 이완용 집 터 앞에 있는 상촌재는 여기서 이름을 따온 것이다. 이 웃대는 광의적인 의미와 협의적인 의미로 쓸 수 있다. 먼저 광의적인 의미에서 보면 웃대는 서촌에 한정되는 것이 아니라 청계천 상류 지역, 즉 세종로, 북촌, 서촌이 다 포함된다. 따라서 서촌에만 쓸 수 있는 용어가 아니다.

다음으로 장동은 원래 용어인 '장의동'을 줄인 것이다. 이곳은 안동 김 씨에서 갈라져 나온 장동 김 씨들이 살던 동네로 박노수 가옥이 있는 옥인동 부근, 즉 효자동, 신교동, 궁정동 등을 가리킨다. 당시 장동 김 씨 같은 권문세가들은 산기슭인 고지대에 살았다. 따라서 장동은 이 지역만을 일컫는 특수 용어로 보아야 한다. 이 장동과 견주어서 웃대라는 용어가 쓰이는 경우도 있다. 이것은 협의적인 의미의 웃대를 말한다. 이 웃대는 어떤 지역이었을까? 협의적인 의미의 웃대는 청계천 상류의 저지대를 일컫는 것으로 앞에서 말한 장동의 아래 지역을 말하는 것이다. 그러니까 지위가 높은 양반들은 비교적 고지대인 장동에 살았고 그보다 아랫사람들은 저지대, 즉 지금 한옥이 밀집되어 있는 이상의 집터 근처에서 살았다고 할 수 있다. 이렇게 보면 인왕산과 경복궁 사이의 지역을 일컫는 용어로는 서촌이 가장 적합한 것을 알 수 있다.

서촌을 웃대로 소개하고 있는 서촌 안내장

서촌은 그 역사를 보면 대단히 재미있는 동네. 거주민들이 시대를 달리하면서 매우 다양하게 바뀌었기 때문이다. 이곳은 세종 탄신지이니 우선 왕족들이 이곳에 살았다는 것을 알 수 있다. 또 서촌은 많은 사대부들의 터전이기도 했다. 그러다 조선말에는 중인들이 들어와 활발한 문학 활동을 한 곳도 바로 이 서촌이다. 20세기에 들어오면 이완용 같은 친일파 매국노들도 이곳에 들어와 살았다. 그리고 이상이나 이상범 같은 비범한 예술인들도 이곳에 터전을 잡았으니 거주민들의 다양성을 알만 하겠다. 이것은 서촌의 자매 마을이라 할 수 있는 북촌과 크게 비교가 된다. 북촌은 거주민들이 그다지 다양하지 않기 때문이다. 이 점이 서촌의 큰 매력이라 하겠다.

서촌의 거주민들이 바뀌는 추이를 크게 보면, 앞서 말한 대로 조선 왕조가 들어선 초기에는 왕족들이 이곳에 주로 살았다. 그럴 수밖에 없는 것이 이곳은 왕궁의 바로 옆이라 왕족들이 터전을 잡기 쉬웠을 것이다. 일단 왕족들이 들어오면 그 외의 사람들은 감히 들어올 수 없다. 초기에 이곳에 있었던 왕족 가운데 가장 대표적인 이가 태종과 세종이다. 나중에 다시 보겠지만 세종은 아예 이곳서 태어났다. 당시 집 주인이 세자가 되기 전의 태종(이방원)이니 태종도 당연히 여기에서 산 것이 된다. 그런가 하면 세종의 셋째 아들인 안평대군은 수성동 계곡에 비해당(匪懈堂)이라는 집을 짓고 살았다. 그러다 그는 형인 수양대군이 왕(세조)이 된 다음에 사약을 받고 죽게 된다. 그렇게 주인을 잃은 비해당은 세종의 형인 효녕대군에게로 돌아간다. 이처럼 초기에는 왕족들이 이곳에서 그들의 삶을 꾸려 나갔다.

그러다 성종대, 그러니까 조선이 건국하고 100년 가까운 세월이 지난 다음 권문세가, 즉 끗발 좋은 사대부들이 이곳에 들어오기 시작했다. 왕족들만 살던 지역에 어떻게 사대부들이 들어오게 되었을까? 이것은 단종과 세조대에 왕실의 권위가 흔들리면서 그들의 근거지 역시 독점될 수

세종대왕 나신 곳 표지석

없었다는 것이 최종현 교수의 견해다.[2] 삼촌이 조카의 왕
위를 빼앗아버렸으니 왕실의 명예와 권위가 추락한 것이
다. 이때부터 들어온 사대부들은 그 명수가 많아 다 거론
하기 힘들다. 16세기 초중반에는 남곤이나 성수침 등이 들
어오고 17세기부터는 그 유명한 장동 김 씨들이 들어와 똬
리를 튼다. 장동 김 씨란 안동 김 씨에서 갈라져 나온 파를
말한다. 장동 김 씨 가문에서 가장 많이 알려진 사람은 병
자호란 때 끝까지 싸울 것을 주장한 김상헌일 것이다. 그
다음으로 18세기 중반부터는 그 유명한 정선이 등장한다.

2) 최종현 외, 앞의 책, p. 136.

정선은 이곳에서 태어나 살면서 김상헌의 증손자인 김창흡 등으로부터 가르침을 받았다. 정선이 서촌과 관련해서 주목해야 할 점은 이른바 『장동팔경첩(壯洞八景帖)』이라는 화집을 만들어 서촌(장동)의 구석구석을 그림으로 우리에게 남긴 것이다. 정선과 함께 반드시 언급되어야 할 사람은 필운대에 살았던 이항복이다. 그는 이 집을 장인인 권율로부터 받았다고 한다.[3] 이항복이 거론되어야 할 이유는 한 말에 전 재산을 처분한 후 중국의 동북지방으로 가서 독립운동을 한 이회영 등의 6형제가 그의 직계손이라는 것 때문이다. 그런가 하면 이회영과 비슷한 시기에 독립운동을 한 김가진 역시 장동 김 씨의 직계다. 김가진도 이곳(정확히 말하면 현재 토속촌 음식점 자리)서 살다가 중국으로 간다. 이렇듯 서촌에는 내로라하는 사대부들이 많이 살았고 그래서 그들에 대한 이야기가 많다.

이처럼 조선의 중기부터 사대부들이 이곳에 들어와 자신들의 세나 학문, 그리고 예술을 뽐냈는데 후기로 가면 이 자리를 중인들이 차지한다. 그들은 이곳에서 무리를 지어 문예운동을 활발하게 펼친다. 이때 활약한 중인 중에

---

3) 장동 김 씨와 이항복은 당파로 하면 모두 서인이었다. 그런데 후손으로 가면 전자는 노론이 되고 후자는 소론이 되면서 입장을 약간 달리하게 된다.

대표적인 사람은 말할 것도 없이 천수경이다. 그를 필두로 많은 중인들이 서촌으로 모여 들었는데 그들은 18 세기 말에 '옥계시사(玉溪詩社)' 같은 문학 모임을 만들어 수십 년 동안 활동을 하게 된다. 우리가 이 모임을 구체적으로 알 수 있는 것은 이 모임의 현장이 그림으로 남아 있기 때문이다. 낮의 모임은 이인문이, 밤의 모임은 김홍도가 그린 것이 있어 이 모임의 실체를 알 수 있다. 이 그림에 대해서는 뒤에서 상세하게 다룰것이다. 이 시사 외에도 십 여 개의 시사가 있어 당시 중인들이 얼마나 활발한 문예 활동을 했는지 알 수 있다. 따라서 대한제국 시절의 서촌 지역을 그려보면 앞에서 말한 장동 등지에는 사대부들의 큰 집들이 드문드문 있고 그 주위에는 중인 이하의 사람들이 사는 민가가 빼곡하게 있었을 것으로 추정할 수 있다.

그 뒤에 조선이 일본에 병탄되자 서촌에는 이완용이나 윤덕영 같은 대표적인 친일파들이 침투하는데 이에 대해서는 그들의 집터에 가서 자세하게 보면 되겠다. 그들과 더불어 또 이상이나 이상범 같은 예술인들이 대거 서촌으로 몰려왔다는 것은 앞에서 말한 그대로다. 이들에 대한 것도 각각의 집에 가서 설명할 터인데 이런 찬란한 과거와 비교해보면 지금 서촌은 뚜렷한 색깔이 잘 보이지 않는다. 그저 식당, 술집, 카페만 난무하고 있는 듯한 인상을 받는다. 이 점은 그곳 주민들이 더 잘 알고 있을 터이니 해결책도 그들에게서 나올 것이다. 이 정도면 서촌의 역사를 아주 간략하게 훑은 것 같다. 이제 남은 일은 실제로 답사를 떠나는 것이다.

답사를 시작하며

답사를 시작할 때 항상 드는 생각은 어디서 시작하는 게 가장 효율적일까 하는 것이다. 시간을 덜 들이면서도 많은 것을 볼 수 있는 코스를 잡으려면 시작점이 중요하다. 이번 답사는 아무래도 경복궁 역 1번이나 2번 출입구에서 만나는 게 제일 낫겠다는 생각이다. 그렇게 시작해서 앞의 서론에서 말한 코스 가운데 첫 번째 코스를 중심으로 다녔으면 한다. 우리는 그곳서 만나 가장 먼저 백송 터로 가려고 하는데 그렇게 가려면 3번 출입구에서 만나도 된다. 그런데 여기까지 와서 지금은 '세종마을 음식문화거리'라는 이상한 이름으로 불리는 지역 명소를 보지 않을 수 없으니 2번 출입구에서 만나는 게 좋겠다. 그런데 이곳은 정식 답사 코스에는 넣지 않았으니 이 지역이 보고 싶으면 약속된 시간보다 조금 전에 와서 재빨리 훑어보면 좋을 게다.

경복궁 역 언저리에서 어슬렁거리며 - 체부동 시장 안으로   이 음식 거리는 원래 체부동 시장 혹은 금천교(금청교도 가능) 시장이라 불리던 곳이었다. 그런데 원 위치는 이곳이 아니었다. 지금 위치보다 더 남쪽에 있었는데 사직터널로 가는 사직로라는 큰 길이 생기면서 지금의 자리로 바뀌었다. 이곳이 체부동이라 체부동 시장이라 불리는 것은 알겠는데 왜 금천교 시장으로도 불렸을까? 그것은 경복궁 역 2번 출입구 근처에 금천교라는 다리가 있었기 때문이다. 지금은 자동차 도로로 다 복개되었지만 이전에는 이곳에 개천이 흐르고 있었고 그 위에 금천교라는 다리가 있었다.

그런데 이곳에 오면 생각나는 건물이 있다. 뉴(new)내자 호텔이 그것으로 지금은 다 헐리고 그 자리에는 서울지방 경찰청이 들어와 있다. 내자 호텔이라는 이름은 이 지역이 내자동이라 붙여진 이름인데 조선조에는 여기에 내자사(內資司)라는 관청이 있었다고 한다. 내자사는 왕실에 술이나 기름, 간장, 과일, 야채 등을 공급하는 기관이다. 체부동 시장 앞에서 남쪽으로 사직로를 건너가면 바로 그 자리다. 이 호텔은 꽤 높은 건물이어서 이전에 이 근방에 오면 곧 눈에 띄곤 했는데 언젠가 없어지고 지금처럼 바뀌어버렸다. 이곳에는 원래 1935년에 미쿠니[三國]라는 일본의 석탄회사 사원 아파트가 있었다고 한다. 그러다 해방 후에 이 호텔이 들어섰는데 주로 주한 미군들의 전용 숙소로 사용되었다. 그러니까 미군들이 한국에 오면 이곳에서 잠시 대기하다가 부대 배치를 받았던 모양이다. 나도 이 사실을 이전에 익히 알고 있었는데 이번에 이 지역을 집중 조사해보니 이 호텔과 관련해서 뜻밖의 이야기가 있었다. 어떤 책[4]에 따르면 박정희 대통령 말기 시절 박정희를 위한 저녁 만찬 및 그 외의 시중을 드는 여성들의 대기 장소가 바로 이 호텔의 커피숍이었다고 한다. 청와대가 지척에 있으니 이 호텔을 이용한 모양이다. 박정희의 만찬 등에 여성들이 동원되었다는 것은 나도 1970년대 대학 시절 익히 들어 알고 있었는데 이 호텔이 한 역할을 했다고 하니 새삼스러웠다.

그 다음에 들여다 볼 것은 이 시장 안인데 이 시장 안에 있는 식당에 대해서는 언급하고 싶지 않다. 그래도 이전에는 오래되고 사연이 있는 식당들이 많이 있었는데 이곳이 관광지화 되면서 그런 집들이 거의 없어져버렸다. 그래서 당최 옛정취가 나지 않는다. 여기에 이전에 어떤 식당이 있었을까? 예를 들어 식당은 아니지만 이 시장 입구 쪽에서 40년 동안 떡볶이를 팔던 김정연 할머니 같은 경우

---

4) 유영호(2018), 『서촌을 걷는다』, 창해, p. 65.

뉴내자 호텔

가 그것이다.[5] 이 분은 거의 100세가 되어 타계했는데 이런 분들이 있으면 그 지역의 품격이 달라진다. 나도 이 시장에 가면 일행들에게 지나면서 그 가게에 대해 설명해주곤 했는데 어느 날 보니 가게가 없어졌다. 이 분이 세상을 떠난 것이다. 그런가 하면 앞에서 인용한 책의 저자 설재우 씨처럼 이 동네 토박이들이 인정하는 '아담분식' 같은 음식점도 이런 예에 속한다.

이런 집들이 지금은 다 사라졌다. 원인은 간단하다. 예상할 수 있는 것처럼 임대료가 높아지면서 쫓겨난 것이리라. 세가 비싸지면서 외지에서 수익만을 목적으로 하는 사람들이 몰려들어 새로운 가게를 여니 전통 있는 가게들은 없어질 수밖에 없는 것이다. 그렇게 되니까 이 시장에서 장사를 하는 사람들의 연대가 이전과 같지 않을 것이다. 이전에는 이곳에서 장사하는 사람들 사이에 일정한 수준에서 공동체 정신이 있었을 것이다. 그것은 당연한 일이다. 이 골목에서 장사하던 사람들은 한 곳에서 수십 년을 장사한 사람들이어서 모두가 정든 이웃이었을 것이다.

내가 이곳을 왕래하던 초기에는 이 시장에서 그런 끈끈

---

5) 이 분에 대한 더 자세한 것은 다음의 책을 참조바란다.
설재우(2012), 『서촌방향』 이덴슬리벨, pp. 206-211.

한 연대나 공동체 정신 같은 것을 느낄 수 있어 이곳에 오면 마음이 편했다. 사람 사는 동네에 온 것 같은 느낌이 들었기 때문이다. 가게들이 대부분 영세했지만 눈앞의 이득보다는 삶의 일환으로 장사를 했기 때문에 사람 냄새가 물씬 났다. 그러던 게 외지인들이 대거 들어오면서 그런 유대는 느슨해지고 각자도생만 남아 돈 버는 데에만 시간을 투자하는 것처럼 보였다. 물론 장사를 할 때 제일 중요한 게 돈 버는 것이지만 그렇게 되면 문제는 이 시장이 다른 여느 먹거리 시장과 다를 게 없게 된다는 것이다. 이곳이 경쟁력이 있으려면 이전의 공동체 정신이 살아 있어야 하는데 그게 없어져 버리니 굳이 그곳에 가서 밥 먹을 마음이 생기지 않는다. 다른 식당 거리와 비교해 볼 때 다를 바가 없으니 갈 마음이 생기지 않는 것이다.

지금 이곳에는 오래된 식당(맛집)이라고는 '체부동 잔치국수'나 '서촌 계단집' 같은 집 정도만 남아 있다. 불과 한 달 만에 가도 또 새로운 식당이 생기는 등 식당이나 술집들의 명멸이 너무 심해 정신이 없을 지경이다. 앞에서 내가 이 지역에 있는 식당에 대해서 언급하지 않겠다는 데에는 이런 이유가 크다. 기껏 마음을 내서 어떤 식당을 소개했는데 얼마 뒤에 가면 없어져버리는 경우가 있으니 그런 식당을 소개한 내가 무색하지 않겠는가. 이런 일을 북촌을 소개할 때 이미 수 차례 겪어서 같은 일을 다시 반복하고 싶지 않은 마음이다.

게다가 이곳은 종로구청에서 손을 댄 뒤로 더 매력이 없어진 느낌이다. 특히 새로 지은 이름 때문에 더 그렇다. 잘 알려진 대로 종로구청은 이곳에 '세종마을 음식문화 거리'라는 새로운 이름을 부여했다. 그런데 식당 거리의 이름에 굳이 세종이라는, 음식과는 격이 맞지 않는 이름을 꼭 넣어야 했는지 이해가 안 간다. 체부동 시장이나 금천교 시장 같은 이름이 어디가 어때서 피했는지 알 수 없는 노릇이다.

그뿐만이 아니다. 시장 입구에 거리의 이름이 달린 문을 세우고 공중에 등불을 걸어놓았는데 이런 장식들이 영 어색하다. 이런 것으로 장식하면 옛정취가 더 나야하는데 외려 그런 흥취가 사그라지는 느낌이다. 특히 밤에 가면 청사초롱 같은 등불에서 나는 조명의 빛이 수상하다. 그래서 내가 어디에 있나 하는 의문이 생길 정도다. 식당 거리에 있다는 느낌보다는 상가(喪家)에 있다는 느낌이 든다면 너무 지나친 표현일까? 그것은 이 조명이 청사초롱의 빛이 아니라 누런 빛을 발하고 있기 때문이다. 이 같은 장식들을 설치해 이 거리를 전통적으로 보이게 하려고 한 것 같은데 내 눈에는 별로 그렇게 보이지 않는다. 이렇게 해서

체부동 시장 거리의 밤풍경

이 거리는 내가 가고 싶은 지역에서는 탈락되었는데 그럼
에도 불구하고 이 골목에 가는 이유는 다른 데에 있다.

서촌 중심에 90년이 된 교회가?　이 골목이 예전 같지 않지
만 그래도 가는 이유는 여기에 역사가 근 90년이 되는 교
회가 있기 때문이다. '체부동 성결교회'라고 불리는 교회
가 그것이다. 이 교회는 '기독교 대한 성결교회'라는 교단
에 소속되어 있는데 이 교단의 모태는 감리교다. 이 교단
의 연원이나 교리에 대해서 많은 말을 할 수 있지만 다소
전문적이라 그냥 지나가는 게 낫겠다. 내력이 복잡해서 비
신자들은 이해하기 힘든 면이 있기 때문이다.

내가 초기에 서촌을 다닐 때만 해도 이 교회는 정식으로 기능을 하고 있었다. 그런데 서촌이 '핫 스팟'으로 떠오르면서 임대료나 땅값이 뛰기 시작했다. 이럴 때 가장 먼저 일어나는 일은 이곳에 살던 주민들이 집을 팔고 떠나는 것이다. 주민들이 떠나니 교회의 신도 수가 급감할 수밖에 없었다. 교회에 사람이 오지 않으면 당연히 교회를 운영하는 일이 힘들어진다. 그런 기회를 타고 이 교회를 팔라는 요구가 많았던 모양이다. 특히 2014년에는 중국인 사업가가 거액을 제시해 문제가 되었다고 한다. 이 지역의 유서 깊은 건물이 외국인에게 팔리는 것을 반기는 사람은 없을 것이다. 이런 사태에 깊은 우려를 갖고 있었던 주민들과 교인들이 서울시에 구입할 것으로 강력하게 요구해 2016년 드디어 서울시가 이 교회를 매입하게 된다. 천만다행한 일이 아닐 수 없다. 그래서 지금은 '생활문화지원센터'가 들어서 시민들이 공연이나 소규모 모임을 할 수 있는 공간으로 바뀌었다(2018년).

이렇게 해서 보존될 수 있었던 이 교회 건물은 1931년에 건축되었다고 하니 역사가 상당히 오래된 것임을 알 수 있다. 비록 규모는 그리 크지 않지만 그 문화사적인 가치를 인정받아 현재 서울시 미래 유산과 서울시 1호 우수건축

자산으로 등록되어 있다. 기독교 관계자에 따르면[6] 원래 이 건물은 1920년에 기도실로 시작했는데 그러다가 1931년에 교인들이 돈을 모아 현재와 같은 건물을 지었다고 한다. 지금의 모습은 세 번의 증축을 거쳐 갖추게 된 것인데 건물을 보면 실제로 증축한 흔적이 보인다.

이 교회 건물에 대한 설명을 보면 보통 프랑스와 영국 (그리고 미국)의 근대 건축 양식을 한 번에 볼 수 있는 희귀한 건물이라는 설명이 나온다. 벽돌 쌓는 법이 그렇다고 하는데 비전문가인 나의 눈에는 그 차이를 잘 알 수 없었다. 교회에 직접 가서 보니 마침 그 차이에 대해 설명해 놓은 안내판이 있었다. 그런데 이 차이는 여기서 설명할 수 있는 그런 종류가 아니라 더 이상의 설명은 삼가는 게 낫겠다. 서울시의 홈페이지를 보면 이 교회 건물을 신축할 때 서울에서는 흔히 볼 수 없는 프랑스식 공법으로 벽돌을 쌓아 넓은 공간을 만들었고 증축하는 과정에서는 영국(그리고 미국)식으로 벽돌을 쌓았다고 하는데 그 양식의 차이가 그리 크지 않아 비전문가들은 몰라도 될 정도다.

그런가 하면 천장을 근대 서양의 건축양식인 목조 트러스트 공법으로 만들었다고 하는데 이것 역시 설명하기 힘

6) 아이굿뉴스(http://www.igoodnews.net) 2019년 10월 7일 자

체부동 성결교회

교회 부속 한옥의 꽃담

교회 정면(남녀 출입구 흔적이 보인다)

들다. 그러나 독자들이 직접 가서 보면 많이 보았던 공법인 것을 알 수 있을 것이다. 이번에 이 교회에 대해 공부하면서 저런 천장을 트러스트 구조라고 부른다는 것을 알았다. 재미있는 것은 건물의 전면에 지금은 창으로 처리되어 있지만 남녀의 출입구가 따로 있었다는 것이다. 그 흔적은 조금만 주의해서 보면 쉽게 발견할 수 있다. 당시는 남녀유별이 철저하게 지켜지고 있어 예배를 볼 때에도 남녀 좌석이 구분되어 있었을 뿐만 아니라 그 사이에 장막을 설치하는 경우도 있었으니 출입구가 다른 것은 당연한 일이었을 것이다.

그런가 하면 이번에 서울시가 이 교회 건물을 개수하면서 1930년대에 민가에서 많이 유행하던 꽃담을 발견해 복원했다고 한다. 교회 뒤로 가면 한옥이 있는데 이 한옥의 담에 꽃담이 설치되어 있다. 담의 문양이 다양하고 상당히 예쁘다. 이곳은 항상 개방되어 있으니 아무 때나 가서 볼 수 있다. 그 뿐만 아니라 이 교회는 유달리 뾰족한 십자가 탑을 갖고 있는데 이것은 서촌에 많이 살았던 중인들이 사대부들보다 개방적인 삶을 살았기 때문이라는 견해가 있다. 중인들이기에 뾰족한 십자가 같은 이질적인 것도 용인

했다는 것인데 재미있는 견해라 하겠다.[7] 이 탑은 이 골목 어디서 보든 보이기 때문에 일종의 이정표 같은 역할을 한다. 이렇듯 이 작은 건물에서 많은 것을 읽어낼 수 있어 여간 재미있는 게 아니다. 우리가 이 골목에 오는 이유는 식사를 해결하기 위해서가 아니라 이렇게 유서 깊은 건물을 보기 위해서다.

골목길 안에 웬 절이 있다!   이 구역에는 또 하나 볼 게 있다. 사람들이 이곳에 오면 음식 거리에서 밥이나 술만 먹고 그냥 가지만 이곳은 골목길이 살아 있는 곳이다. 따라서 골목길을 다녀보아야 한다. 내가 북촌을 설명할 때에도 말했지만 이곳의 골목길은 더 이상 길이 없나 하고 가보면 또 길이 있고 그러다 갑자기 막다른 골목으로 바뀌는 등 예측할 수 없는 묘미가 있다. 이 구역의 골목도 똑 그렇게 생겼다. 그래서 나는 이런 골목길이 많은 지역에 가면 무조건 골목을 돌아다닌다.

이번에도 예외가 아니라 이곳의 골목길을 다니다가 뜻밖의 장소를 발견했다. 견진사(見眞寺)라는 절인데 이곳으로 가는 길은 글로는 설명이 거의 불가능하다. 이 음식 거

---

7) 앞의 기사.

견진사 대문의 그림

리에서 4번이나 꺾어야 이곳으로 갈 수 있기 때문이다. 처음에 이 절을 발견하고 나는 깜짝 놀랐다. 서촌의 한 중심에, 그러나 그 중심의 은밀한 곳에 절이 있으리라고는 전혀 생각하지 못했기 때문이다. 이 절에 대해서는 정보를 얻을 길이 없어서 그 연원이나 역사를 알지 못한다. 내가 갔을 때는 절에 사람이 없어서 아무 것도 물어볼 수 없었다. 그저 대웅전 한 채가 있을 뿐이었는데 건물이 꽤 괜찮아 보였다. 그런데 그것보다 내가 이 절에 가자고 하는 것은 대문에 그려져 있는 신장 그림이 수준급이기 때문이다. 조금 낙후되어 있지만 그 필치가 보통이 아니다. 선이 살아 있는 것으로 보아 탱화를 전문으로 그린 사람이 그린 것으로 추정된다. 이 정도의 그림을 유치할 수 있었다면 이 절의 재력이 꽤 있었다고 볼 수 있는데 이 절의 속사정이 궁금하기 짝이 없다. 궁성 바로 옆에 있는 절이니 이 절은 조선조에 건립된 것은 아닐 것이다. 조선조 동안은 사대문 안에 절을 세울 수 없었으니 그렇게 추정하는 것이다. 따라서 일제기나 그 이후에 건립되었을 것으로 짐작된다.

그 골목을 배회하다 보면 삼계탕으로 유명한 토속촌이라는 음식점이 나온다. 이 집은 관광객이 주로 가는 곳이라 나는 일절 가지 않는다. 십수 년 전에 이 식당에서 삼계탕을 먹어보았는데 가격 대비해서 좋은 점수를 줄 수 없었다. 그래서 그 뒤로 가지 않은 것인데 요즘 갔다 온 친구들의 이야기 들어보니 상황이 비슷한 것 같았다. 좌우간 그 음식점에서 왼쪽으로 틀어 고개까지 가면 홍종문 가옥(서울특별시 시도민속문화재 제29호)이라는 것이 나온다. 사실 이 집은 전혀 개방을 하지 않기 때문에 갈 필요가 없다. 가봐야 담 너머로 지붕만 조금 보일 뿐이다. 그런데 사진으로 보면 꽤 괜찮은 집으로 보인다. 전문가들의 설명을 들어보면 1910년대의 건축인데 도시의 이형대지(異形垈地)에 세운 개량한옥의 면모를 보여준다고 한다. 대지가 조금 다르게 생겼다는 것인데 그 자세한 사정은 알 수 없다. 개량된 흔적이 여럿 있는데 그 중에 눈에 들어오는 것은 사랑채가 분리되지 않았다는 것이다. 이 건물에 대한 설명은 너무 적어 건물의 정체를 잘 알 수 없다.

이 정도면 이 음식 거리 지역에 있는 볼거리는 다 본 것 같다. 이렇게 보면 30분 가지고도 안 될 게다. 답사는 다니다 보면 시간이 잘 가는 법이라 시간을 아끼기 위해서는 홍종문 가옥은 건너뛰는 게 나을 것이다. 그러니까 진견사를 보고 골목길을 조금 돌아다니다 만나기로 한 약속 장소로 가면 된다.

수선 전도에 보이는 자하문로

경복궁 담장 쪽에서

이제 우리는 정식의 답사를 떠나는데 우선 갈 곳은 앞에 있는 큰 길인 자하문로를 건너서 당도할 수 있는 백송 터다. 지도를 보면 이 서촌은 흡사 세 개의 큰 길로 삼 분 되어 있는 것처럼 보인다. 세 개의 길이란 경복궁 담장에 연해 있는 효자로와 그 서쪽으로 차례로 자하문로, 필운대로를 말하는데 이 가운데 원래 있던 큰 길은 자하문로 하나뿐이다. 수선 전도를 보면 그렇게 되어 있는데 자하문로는 물론 자하문(창의문)으로 가는 길이다. 그러니까 세검정에서 넘어올 때 자하문을 지나 이 길로 오는 것이다. 이 길의 지선이면서 지금 남아 있는 길은 이상의 집터로 가는 자하문로7길이다.

이렇게 보면 서촌은 자하문로를 중심으로 한 덩어리를 이루고 있다고 할 수 있다. 필운대로나 경복궁 담장에 나있는 효자로는 이전에는 있을 수 없는 길이었을 것이다. 지금은 필운대로라는 큰 길이 있지만 이전에 마을 한 가운데 이렇게 큰 길이 있을 수 없고, 효자로처럼 궁궐 담장 옆에 넓은 길이 있을 리 만무하기 때문이다. 그리고 원래 있었던 자하문로도 지금보다 훨씬 좁았다. 모든 길이 도시개발이 되면서 이렇게 마구 커졌다. 그런 현실을 감안하고 답사를 시작하는데 우리의 답사는 이 지역의 중심 도로인 자하문로를 따라 이루어질 것이다.

백송 터 이야기 여기서 우리가 처음 갈 곳은 백송 터다. 길을 건너 조금만 올라가면 나오는 스타벅스 다방에서 오른쪽 골목으로 들어가 첫 번째 골목에서 좌회전 하면 곧 백송 터가 나온다. 원래 여기에는 수명이 300년이나 되는 거대한 백송(천연기념물 4호)이 있었는데 1990년 여름에 큰 태풍으로 그만 나무가 쓰러지고 말았다. 주민들로서는 안

태풍으로 밑동만 남은 백송

타깝기 그지없었을 것이다. 그래서 주민들이 백송을 살리
려고 이 나무의 가지 네 개를 잘라 나무 옆에 심었다고 한
다. 지금 가서 보면 가운데 원래의 백송은 밑동만 남아 있
고 주변에 있는 작은 백송들은 그때 가지를 심어 놓은 게
큰 것이다. 이 백송들은 나무 마다 소유주가 다르다고 하
는데 여기서 그것까지 밝힐 필요는 없겠다.

　이 백송을 회생시키기 위해 가장 많은 노력을 기울인 사
람은 '백송 할머니'라 불리는 홍기옥 씨다. 그가 이 백송을
살리기 위해 들인 노력은 가상하다. 일본까지 가서 소생
방법을 배워 백송에게 물과 영양제를 계속 투여했다고 하
니 말이다. 그에 대한 자세한 뒷이야기를 여기서 다 말할

백송 앞에 있는 추사 김정희 영정

필요는 없겠고 그의 이야기를 다룬 잡지 기사[8]를 참고하면 되겠다.

또 이곳은 추사 김정희가 어린 시절을 보냈던 곳으로 유명하다. 그래서 그런지 백송 앞에는 누군가가 추사의 초상화를 붙여 놓았는데 그 그림을 찾는 일이 그리 쉽지 않을 것 같다. 그런가 하면 이곳에는 영조가 어릴 때 살았던 창의궁이 있었다고 한다. 영조는 이곳에서 살 때 왕세자가되어 훗날 왕이 된다. 그런가 하면 영조의 모친인 숙빈 최씨는 이곳에서 죽었다고 하니 이곳이 영조와 인연이 깊은

8) 『월간 조선』 2018년 4월 6일 자

것을 알 수 있다. 그래서 영조는 자신의 모친을 모신 사당인 육상궁을 청와대 영빈관 옆에 세운 것인지도 모르겠다. 이 사당은 현재 칠궁이라 불리는데 이곳에서 걸어서 약 10분 정도 되는 거리에 있으니 매우 가까운 거리라 하겠다. 사실 나는 이런 고답적인 역사 이야기 하는 것을 그리 좋아하지 않는다. 이곳에 영조가 살았든, 추사가 살았든, 그것과 관련된 흔적이 아무 것도 없을 뿐만 아니라 지금의 우리와도 별 관계가 없으니 공허하게 느껴지기 때문이다.

그에 비해 여기에 재미있는 일제기의 흔적이 남아 있어 눈길을 끈다. 나는 이러한 사실을 전혀 몰랐는데 앞에서 인용한 유용호 씨의 책을 보다가 이 사실을 알게 되었다. 이 터에서 북쪽으로 올라가면 골목 안에 똑같이 생긴 집들이 여러 채 나오는데 이것들은 놀랍게도 일제기 조금 전에 지어진 집이란다. 겉으로 보면 그냥 평범한 양옥 같은데 사실은 일제기 이전의 집이라니 신기하다. 유 씨에 따르면 이 집들은 1908년 동양척식회사가 세워졌을 때 만든 이 회사의 관사라고 한다. 그래서 이 집들이 똑같이 생긴 것이다. 그렇다면 이 집들의 뼈대는 100년이 넘은 것일 텐데 외양만 보면 완전히 현대적으로 보여 그 사실을 실감할 수 없었다.

이 글을 쓰다 제자들과 이쪽 지역을 답사하게 되어 이

동양척식회사 관사 추정 위치

동양척식주식회사 사택의 흔적 (대경성전도, 1936년) (서울역사박물관 제공)

동양척식회사 관사를 활용하고 있는 음식점 라 스위스(La Suisse)

관사 쪽으로 왔다. 이 집들에 대해 설명하면서 이 골목으로 계속 들어갔더니 마지막에 라 스위스(La Suisse)라는 작은 간판이 보였다. 그게 무슨 간판인지 몰랐지만 철문이 반쯤 열려 있어서 그냥 들어가 보았더니 스위스 음식을 파는 식당이 나왔다. 나는 이 식당의 존재를 전혀 모르고 있었다. 그럴 수밖에 없는 것이 이 식당은 자하문로의 변에 있는 통의동 우체국 옆 골목으로 들어와 주차장을 지나가야 만날 수 있는 후미진 곳에 있었기 때문이다. 게다가 나는 유럽 음식 파는 식당은 비싸서 가급적 가지 않는다. 무엇보다 포도주가 비싸서 잘 가지 않는다.

우리가 식당 앞에서 알짱거리고 있으니까 어떤 여성이

라 스위스의 천정 모습

나와 안을 구경해도 된다고 친절하게 안내를 해주었다. 그때 나는 속으로 쾌재를 불렀다. 이 관사의 천장을 볼 수 있었기 때문이다. 나는 이 건물의 천장에는 분명 체부동 교회처럼 일본식 집에서 많이 보이는 목조 트러스트 구조가 있을 것이라 확신했다. 집 안으로 들어가 보니 내 예상대로 천장은 일제 시대 집의 구조를 갖고 있었다. 그 다음에 이 여성의 설명이 이어졌다. 그는 남편과 같이 이 식당을 경영하고 있는데 남편은 스위스인 셰프였다. 그는 이 건물을 포함해 3채의 건물에서 식당을 운영하고 있었다. 식당 안은 고급으로 아주 잘 꾸며져 있었다. 우리가 자꾸 천장을 보니까 그는 여기에 있는 대들보 가운데 하나에 소화(昭和)라는 글자가 쓰여 있었다고 설명해주었다. 그 설명이 옳다면 이 건물은 1925년 이후에 건설한 것이 된다(소화 1년은 1925년이다). 이 건물은 신사(神社)와 같은 기능을 하면서 주민들의 회합장소로 쓰였다고 한다. 그러고 보니 이 건물은 규모가 다른 관사보다 3배나 컸다. 그와는 다른 이야기도 많이 나누었지만 굳이 옮길 필요 없어 생략한다. 어떻든 이 집의 내부까지 확인할 수 있어서 이날 답사는 매우 유익했다. 이제 다음 행선지로 갈 차례다.

보안여관을 향해   이 지점에서 다시 자하문로로 나가 길

경복궁 담장 쪽에서

을 건너면 이상의 집터로 가는 길이 나오는데 여기까지 왔으니 보안여관을 보지 않고 지나갈 수는 없다. 그래서 우리는 거기서 효자로로 나가 조금만 북쪽으로 가보자. 그러면 곧 보안여관이 나온다. 지금 이곳은 두 개의 건물로 운영되고 있다. 80년 이상의 역사를 자랑하는 보안여관(구관)과 복합문화공간(신관) '보안1942'가 그것이다. 신관의 이름에 1942라는 숫자가 들어간 것은 구관의 천장에 있던 상량문에서 1942년이라는 숫자가 발견되었기 때문이다. 그런데 서정주가 쓴 글에 '자신은 김동리, 김달진 등의 작가들과 함께 보안여관에 기거하면서 1936년에 『시인부락』이라는 동인지를 만들었다'는 문구가 있는 것으로 보아 그 전에도 이 여관이 있었음을 알 수 있다. 그래서 이 여관의 역사를 80년 이상으로 잡은 것이다.

이 여관에 올 때마다 학생들에게 옛날에는 이렇게 생긴 데에서 먹고 자고 했다고 하면 그들은 믿지 못하는 눈치다. 정말로 '계딱지'만한 방에, 변소는 공동변소를 사용해야 하고 씻는 것도 그저 손발이나 씻을 수 있지 샤워는 언감생심이고 목욕 시설도 없는 그런 곳에서 숙박을 했다고 하니 믿지 못하는 것이다. 나도 1970년대에는 이런 데에서 많이 숙박했다. 특히 지방에 답사 가면 숙소는 다 이런 식이었다. 그래서 이곳에 가면 외려 반가운 마음이 든다. 과

거가 생각나기 때문이다. 목욕탕 사인이 있는 여관 간판을
비롯해서 나무로 만든 엉성한 문, 목조 트러스트 양식으로
만든 천장 등 모든 것이 정답기만 하다. 특히 천장에 전선
을 고정하고 전기를 절연하기 위해 만들어 놓은 하얀 애자
(礙子)를 보면 어릴 때가 생각나 기분이 좋아진다. 내가 살
던 집에도 저런 애자가 많이 있었는데 이곳에서 다시 보니
반가운 것이다.

보안여관 약사(略史) 이 여관과 얽힌 이야기가 많지만 역
사만 간략하게 보자. 이 여관은 2004년까지 영업했다(당
시 숙박비는 1만 5천원이고 대실비는 1만원). 이 여관을 매입한
사람은 최성우라는 분인데 이 분에 대해서는 따로 설명을
해야 한다. 지금 우리가 이 여관을 원래 모습에 가깝게 볼
수 있는 것은 오로지 이 분의 덕이다. 사실 이곳에서 조명
을 받아야 할 대상은 바로 최성우 씨다. 그에 대해 보기 전
에 이 여관을 이용했던 사람들에 대해 잠깐 보면, 우선 일
제기를 기억하는 사람들에 따르면 이 여관은 총독부에 일
이 있어 지방에서 온 사람들이 묵던 고급여관이었다고 한
다. 고급여관이었다고 하니 당시에는 지금보다 상태가 훨
씬 좋았던 모양이다.
　이 여관을 이용했던 사람 가운데 가장 많이 언급되는 사

람은 앞에서 말한 것처럼 서정주를 위시한 문인들이다. 이들은 2집밖에 내지 못한 『시인부락』이라는 시집을 출간해냈는데 서정주의 진술[9]에 따르면 초판을 200부 찍었는데 절반도 안 팔렸다고 한다. 그렇게 안 팔리니 2

미당 서정주(미당시문학관 제공)

집밖에 출간하지 못했는지도 모르겠다. 이때 이 시집을 내기 위해 모인 동인들을 생명파라고 부르는 것 같은데 정작 서정주 본인의 글에서는 그런 경향을 읽을 수 없었다. 위에서 말한 진술에서 서정주는 '한 개의 유파보다는 여러 유파가 모여 조화를 꾀하는 그런 문학 운동을 하자'고 제안했다. 그의 용어를 빌면 그는 '시의 한 오케스트라의 마을을 만들어보자'는 것인데 이 같은 주장은 여러 유파의 종합을 의미하는 것이지 생명파 같은 하나의 경향만을 지

---

9) 서정주, "시인부락 일파 사이에서" 『미당 서정주 전집 4』 은행나무, 2015, p. 190.

보안 여관

게딱지 같은 보안 여관의 방들

경복궁 담장 쪽에서

보안여관 내부와 지붕구조

니자는 것은 아닌 것으로 읽힌다. 이 주제의 진위 여부에 대해서는 전문가들의 견해가 필요할 것이다. 당시에는 이 같은 문인 외에도 이중섭이나 이상도 이 여관을 들락거렸다고 하는데 이들이 이 여관에서 무엇을 했는지는 알려지지 않았다.

해방이 된 뒤에 이 여관은 지방에 사는 문인들의 숙소 역할도 톡톡히 했다. 그런가 하면 이 근처의 관청에서 근무하던 공무원들이나 지방에서 중앙정부로 출장 온 공무원들이 단골로 이 여관에서 묵었다고 한다. 또 야근하다가 통금 시간에 걸린 청와대 직원들도 이 여관을 많이 이용했다고 한다. 경호원 가족들의 면회 장소로도 많이 쓰여 당시 '청와대 기숙사'라는 별명도 있었다. 이처럼 공무원들이 이 여관을 많이 이용한 모양인데 이 공무원들 가운데에는 반가운 인물이 있다. '부산국제영화제'를 처음으로 만든 김동호 이사장이 그 주인공이다. 인격이 도인에 가까운 김 이사장과는 과거 문화융성위원회 시절에 같이 활동한 적이 있어 안면이 있다. 그는 당시 이 위원회의 대표직을 맡고 있었다. 그가 문화공보부(현 문화체육관광부) 공무원으로 있던 시절인 1960년대 초 그는 이곳에서 대통령 보고용 자료를 만들었다고 한다. 이런 일을 사무실에서 하지 않고 왜 여관에서 했는지 궁금하지만 아마 밤을 새면서 작업하려고 여관을 이용한 것 같다.

그러다 1980년대가 되면 근처 미술관과 관계된 사람들이 숙소로 이 여관을 많이 이용했다. 2000년대로 가면 또 상황이 바뀌어 싼값으로 서울에 머무르려고 했던 사람들이 장기투숙하기 위해 이 여관을 이용한 모양이다. 당시는 한국의 경제 상황이 매우 좋아져 이런 여관은 그리 좋은 여관 축에 들지 못했을 것이다. 그래서 싼 숙소를 원하는 사람들이 이용하는 여관이 되었던 것 같다. 이렇게 보면 그동안 이 여관을 거쳐 간 투숙자들이 매우 다양했던 것을 알 수 있는데 흡사 서울 70년사를 보는 느낌이다.

그런데 이 여관이 이렇게 내가 모르는 사람들하고만 관

계된 것은 아니었다. 나의 동학 가운데에도 이 여관과 관계된 추억을 가진 친구가 있었다. 고교 1년 후배인 이 군은 내가 서촌에 관한 책을 쓴다고 하자 자신도 서촌에 살았다고 하면서 과거에 대해 털어놓기 시작했다. 자신의 집이 바로 지금 이상의 집으로 알려진 그 집이라고 하면서 지금도 그 집에 있는 장독대 계단이 자신이 많이 올라 다녔던 계단이라고 주장했다. 그의 주장이 맞는지 틀리는지는 알 수 없지만 그의 부친에 관한 기억은 정확한 것 같다. 그가 그곳에 살고 있을 당시 부친이 어떤 일이 있어 보안여관에 오랫동안 묵은 적이 있는데 아침마다 부친에게 조반을 대령하느라고 매우 힘들었다고 씁쓸한 과거를 실토했다. 북촌에 대해서 쓸 때에는 그곳에 실제로 살았던 지인들을 만나기 힘들었는데 서촌으로 오자 이렇게 가까운 사람들 가운데에도 서촌 주민이 있는 것이 신기했다. 이것은 서촌이 그만큼 서민들과 가까웠다는 것을 방증하는 것 아닐까 하는 생각이다.

기적적으로 살아남은 보안여관　그런데 이러한 역사와 더불어 이곳에 오면 반드시 생각해야 할 것이 있다. 이런 낡디 낡은 여관이 없어지지 않고 어떻게 남게 되었는가 하는 것이 그것이다. 이곳에 오는 사람들은 그저 옛날 여관이 하나 남아 있구나 하는 정도로 생각하기 쉽다. 이곳에는 특히 젊은이들이 많이 오는데 그들은 이 건물이 남아 있다는 게 얼마나 대단한 것인지 실감하지 못하는 것 같다. 그것은 그들의 경험이 아직 많지 않기 때문일 것이다.

그러나 북촌을 위시해 익선동 등 이 지역에 대해 책을 낸 나는 이 사실이 정녕 믿기지 않는다. 왜냐하면 그동안 우리는 멀쩡한, 그러면서도 매우 유서 깊은 건물들을 수없이 부셔왔기 때문이다. 나는 그런 현장을 하도 많이 보아서 이제는 화도 나지 않는다. 그런 예 중의 하나가 교남동 한옥 마을 궤멸 사건인데 이에 대해서는 졸저 『익선동 이야기』에서 다루었다. 그곳에는 역사가 100년 가까이 되는 수십 채의 한옥을 비롯해 1960~1970년대의 집들이 즐비했는데 그것을 깡그리 밀어버리고 주상복합 아파트를 만들어 놓았다. 내가 사는 아파트가 바로 그 옆에 있어 자주 이곳을 지나다니는데 그때마다 헛웃음이 나오곤 했다.

이런 것이 우리의 문화적 현실인데 이 집은 어찌 된 건지 궤멸을 피한 것이다. 게다가 이 집은 전통 가옥도 아니다. 근대에 만들어진 매우 낡은 건물이다. 그래서 볼품도 없다. 간판을 비롯해 모든 것이 촌스럽기만 하다. 이런 건물이야말로 소멸 대상 1호일 텐데 어떻게 살아남게 되었는지 정녕 신기한 것이다. 여기에 온 사람들의 반응은 두 가

경복궁 담장 쪽에서

지란다. '와~ 이런 데가 있었어?' 아니면 '언제 부술 거예요?'가 그것이다. 현대 한국인들이 보기에 이런 건물은 궤멸 대상일 뿐이지 다른 용도로 쓰일 것이라고는 생각하지 못하는 것이다. 그런데 이 못 생긴 건물이 살아남았다. 이 건물에 오면 바로 이 점을 중시해서 설명해야 한다. 한국에서는 여간 해서 있을 수 없는 '기적'이 일어났기 때문이다.

이런 일이 가능했던 것은 앞에서 말한 대로 직함이 '통의동 보안여관 대표'로 되어 있는 최성우 씨 덕분이다. 이제 이 분이 어떤 생각을 가지고 이 건물을 그대로 보존했는지 그것을 보아야겠다. 단도직입적으로 말하면 이것은 그의 '재력'과 '안목'이 없으면 애당초 불가능한 일이었다. 이 두 요소를 다 갖춘 사람은 많지 않은데 그는 다행스럽게도 이 두 가지를 다 가지고 있었다. 그래서 이 건물이 살아남은 것이다.

통의동 보안여관 대표 최성우 우선 그의 안목, 즉 식견부터 보자. 그는 프랑스 파리 1대학에서 미술사를 전공했다. 그러다 학문보다 실제적인 행동을 좋아해 프랑스 문화성의 연구단원이 되었다. 그는 이 자격으로 프랑스뿐만 아니라 유럽 각국의 문화계 인사들을 만나 다년간 귀중한 산 공부를 했다. 그러다 귀국했고 문화경영을 하고 싶었던 그

소화17년(1942년)에 상량식을 했다는 기록을 적은 보안여관 상량문(서울
역사박물관 제공)

는 여러 군데를 전전하다가 집안 사업을 맡게 되었다. 그
의 집안은 재력가로서 그의 외조부가 부산 섬유산업의 기
초를 쌓은 '태창기업'의 황래성 회장이라고 한다. 황 회장
은 공장 직원들의 교육을 위해 '일맥문화재단'을 만들었
는데 최 대표는 현재 이 기관의 이사장을 맡고 있다. 그러
니 그는 재력을 완비하고 있는 셈이었다. 그리고 그는 고
교 때까지 부산 초량에 있는, 역사가 100년이 넘은 이른바
'적산 가옥(등록문화재 제349호)'에서 살았다고 한다. 그러
니 일제기의 건축을 보는 그의 눈은 남달랐을 것이다.

　이렇게 해서 그는 안목과 재력을 다 갖춘 사람이 되었

다. 그런 그가 문화예술의 '플랫폼'을 실현하기 위해 보안여관과 주변 건물 2채를 매입했다. 그때 그는 당연히 이 보안여관을 헐고 새 건물을 세울 생각이었단다. 그런데 천장을 뜯어보니 상량문이 나왔고 책을 엎어 놓은 모양을 하고 있는 박공지붕이 나타났다. 그는 그제야 이 건물이 목조인 것을 알았고 그냥 헐어버릴 건물이 아니라는 확신이 들었다고 한다. 그래서 최소한의 수리만 하고 건물을 있는 그대로 살렸다. 여기에는 또 그의 철학이 들어가 있다. 그는 이런 오래된 건물을 그대로 보존하는 것은 의미가 없다고 생각했다. 오래된 전통도 현재에 쓰이는 구조로 바뀌어야 한다는 것이다. 그래서 그런지 이 여관 건물에 오면 항상 전시회가 열리고 있다. 이러한 전시를 통해 오래된 전통이 죽지 않고 다시 살아나는 것이다.

그는 이 오래된 건물을 옆의 새 건물과 연결했다. 다리를 놓은 것이다. 다리가 있어 과거와 현재를 연결하는 모양새가 되었다. 이 신관은 만들어지기까지 10여년이 걸렸다고 한다. 우여곡절이 많았던 모양이다. 이 신관에는 구관의 옛 기능이었던 숙박을 살려 3, 4층을 여관으로 만들고 지상 2층부터 지하 2층까지에는 책방과 카페, 전시, 모임 공간 등을 만들어 놓았다. 사실 나는 이 신관에 대해서는 큰 매력을 느끼지 못한다. 왜냐하면 이런 공간은 요즘 많이 생겨나서 곳곳에 산재되어 있기 때문이다. 그것보다는 이 공간들을 어떻게 운영하는지에 대해 궁금증이 생긴다. 더 확실하게 표현하면 걱정이 앞선다고 할 수 있겠다. 특히 보안여관을 전시장으로 쓰는 것은 적자가 불 보듯 뻔한 일인데 어떻게 유지하는지 궁금하기 짝이 없다. 그와 동시에 최 대표의 뚝심이 대단하게 느껴진다. 다시 말하지만 이곳에 오는 사람들은 제발 이 보안여관 건물이 보존되었다는 기적을 새삼 느껴주기 바란다. 그리고 그것을 가능하게 한 최 대표께 크게 감사해야 할 것이다.

세종의 탄생지를 찾아　이제 보안 여관을 떠나 자하문로를 건너 세종이 태어난 곳으로 가자. 그런데 이곳이 어디인지 정확하게 아는 사람은 없다. 단지 『실록』에 쓰여 있는 대로 세종이 당시 행정 구역이었던 '준수방'에서 태어났다는 것만을 알고 있을 뿐이다. 그런데 준수방이란 지역이 넓어 정확히 세종(그리고 태종)의 잠저(왕이 되기 전에 살았던 집)가 어디 있는지 알 수 없다.

　보안 여관에서 그곳으로 가는 방법은 각자 지도로 찾자. 말로 해봐야 잘 알아들을 수 없기 때문이다. 어떻든 자하문로 7길 입구로 가자. 우리는 그 길로 들어가 이상의 집터를 찾아갈 것이다. 이 길 입구에는 우리은행 효자동 지점

경복궁 담장 쪽에서

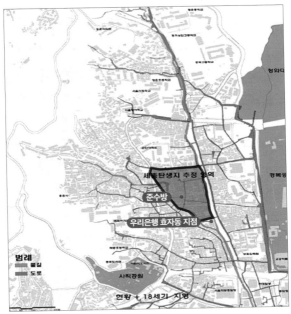

준수방의 위치

이 있는데 그 뒤에 있는 넓은 지역이 준수방이다. 여기에
태종이 세자가 되기 이전에 살았던 잠저가 있었다고 하는
데 우리는 이곳에 건물들이 얼마나 있었고 어디에 있었는
지 정확하게는 모른다. 연구자들에 따라서는 태종의 잠저
가 지금 자하문로9길에 있는 참여연대 근처에 있었을 것
이라고 주장하는 사람도 있다. 이 주장에 대해 최종현 교

수는 그곳은 평지라 본채나 안채를 평지에 건설하지 않는 조선시대의 건축 원리와 맞지 않는다고 주장했다. 그렇다면 이 잠저의 위치는 어디쯤 될까? 이에 대해 최 교수는 박노수 가옥에 조금 못 미치는 지점, 즉 누수동, 통인동, 옥인동이 만나는 지점보다 조금 위에 이 잠저가 있었을 것이라고 추정한다. 왜냐하면 바로 이곳이 평지와 산지가 만나는 지점이고 시야도 확 트이는 곳이기 때문이란다.[10] 최 교수는 한국 건축의 권위자라 그의 의견은 상당한 설득력을 지닌다. 어떤 의견도 확실하지 않다면 권위자의 의견을 따르는 것이 합당할 것이다. 그러면 이 잠저는 어떤 규모였을까?

세종의 탄신지에 대해 논문을 작성한 박희용, 이익주 양 씨에 따르면 당시 태종의 잠저는 상당히 컸을 것이라고 한다. 그렇게 추정할 수 있는 근거는, 태종은 제1차 왕자의 난을 일으킬 수 있을 정도로 많은 사병을 거느리고 있었는데 이들을 모두 수용하려면 잠저가 클 수밖에 없다는 것이다. 지금의 행정동으로 보면 통인동을 중심으로 옥인동과 누하동, 체부동 일부가 포함되었을 것이라고 한다.[11] 이 견해를 따른다면 당시 이 잠저는 대저택의 규모를 가졌을

<hr />

10) 최종현 외, 앞의 책, pp. 100-101.
11) "조선 초기 경복궁 서쪽 지역의 장소성과 세종 탄생지", 『서울학 연구』 47권, 47호, 2012, p. 178.

것 같다.

그런데 이 잠저의 위치를 추정하는 것보다 더 궁금해야 할 사안이 있다. 사람들은 이 사안에 대해 별로 의문을 갖지 않는데 나는 세종의 탄신지가 이곳이라는 말을 처음 들었을 때 가장 먼저 이런 의문이 떠올랐다. '세종은 당시 왕이 될 신분이었을 텐데 왜 궁궐 안에서 태어나지 않고 궐 밖에서 태어났을까?'하는 의문 말이다. 그렇지 않은가? 왕은 당연히 대궐서 태어나는 것이고 거기서 살다가 세자가 되고 왕이 되는 것 아닌가? 그런데 세종은 왜 궐 밖에서 태어났을까? 답은 간단했다. 그가 궁궐 안에서 태어나려면 그의 아버지가 왕이나 세자의 위치에 있어 궁궐에서 살고 있어야 한다. 그런데 세종이 태어난 1397년에 그의 아버지인 이방원은 세자가 아니었기 때문에 궐 밖에 있는 이 집에서 살고 있었다. 당시에 세자로 책봉된 이는 잘 알려진 것처럼 이방석이었다. 이를 못마땅하게 여긴 이방원은 세종이 태어난 1년 뒤에 제1차 왕자의 난을 일으켜 정도전과 이방석을 살해한다. 그런 다음 2년 뒤인 1400년에는 제2차 왕자의 난을 일으켜 실권을 잡고 그 해 정종으로부터 양위를 받아 왕이 된다. 그러니까 세종이 궁으로 들어온 것은 1400년 이후의 일이다. 이런 사정 때문에 세종은 왕이면서도 궐 밖에서 태어난 것이다.

그러고 보니까 이 지역에는 세종처럼 궐 밖에서 세자가
되어 궁으로 들어온 사람이 또 있었다. 앞에서 본 것처럼
백송 터에 있던 창의궁에 살다가 세자가 된 영조가 그 사
람이다. 그런데 세종이 탄생한 집이 정확히 어디에 있는지
도 모르고, 또 어떤 건물에서 태어났는지도 모르니 이 모
든 설명이 그리 마음에 와 닿지 않는다. 세종과 관련해서
작은 흔적이라도 남아 있으면 의미가 있으련만 아무것도
없고 너무 먼 과거의 일이라 이런 설명이 실감이 잘 나지
않는다. 그런 생각을 나누면서 우리는 골목 안으로 들어가
이상의 집터로 간다.

서촌 안으로!

이상이 살았던 곳에서   자하문로7길로 올라가면 곧 이상
의 집터가 나온다. 집이 아니라 집터라고 한 것은 지금 남
아 있는 작은 한옥이 이상이 실제로 살던 집이 아니기 때
문이다. 이상이 살았던 집은 이보다 적어도 5배는 컸다고
한다. 대지가 한 150평 이상 되는 큰 집이었다고 하니 그
렇게 추정할 수 있다. 이상은 잘 알려진 대로 시인이다. 그
런데 여기서 중요한 것은 이상의 문학에 대해서 보는 것보

다 이 집이 이상기념관처럼 된 과정이 아닐까 한다. 이상의 문학에 대한 것은 국문학에서 다루는 주제지 이곳에 답사 온 우리들이 다룰 주제는 아니다. 우리는 이 답사지에 대해서만 보기로 한다. 게다가 이상의 문학은 워낙 난해해 나 같은 둔재들은 도무지 이해할 길이 없다. 따라서 다루지 않는 편이 낫겠다는 생각이다.

이곳에는 원래 이상(본명 김해경)의 백부의 집이 있었다. 그런데 이 사람이 아들이 없자 조카 이상을 양자로 들이면서 이상이 이 집터에서 살게 된다. 이상은 1910년생인데 1912년에 이 집으로 오니 아주 어릴 적부터 이 집에 산 것이 된다. 그러다 백부가 죽자 이상은 1933년에 이 집을 팔고 다른 곳으로 이사간다. 이 집은 그 뒤 다섯 필지로 나눠지게 되고 이 필지에 1934년에 작은 도시형 한옥들이 들어서는데 지금 기념관으로 쓰는 건물은 그 가운데 하나다. 이 한옥의 이전 번지수는 154-10인데 지적도를 보면 전체 대지의 왼쪽 구석에 위치하고 있다.

이상이 이 집을 팔고 제비 다방을 운영했다느니 그러다 망했다느니 하는 이야기들은 잘 알려져 있으니 그에 대한 것은 생략하기로 하자. 그 뒤에 이상은 다방 사업을 계속하는데 다 망한다. 이상 같은 사람은 아무리 작은 것이라도 사업을 하면 안 되는데 왜 그렇게 무모하게 '물장사'

이상의 집 터

시인 겸 소설가 이상

이상의 집 터 통인동 154번지(좌)와 오늘날 분할된 필지(우)

를 시도했는지 모르겠다. 문인이나 교수처럼 예술이나 인문학을 하는 사람은 결코 장사를 해서는 안 된다. 이런 사람들에게는 돈이 붙지 않기 때문이다. 이렇게 물장사를 하는 사이 이상이 금홍이라는 기생과 동거했던 이야기는 유명해 '금홍아! 금홍아!'라는 영화까지 나왔다. 그러다 금홍과는 헤어지고 1936년에는 변동림과 정식 결혼을 한다. 몇 번의 물장사를 다 말아먹은 그는 그 다음 해(1937년)에 일본 동경으로 갔는데 곧 사상이 불온하다는 혐의를 받고 구금된다. 그런데 그때 그는 이미 폐결핵이 중한 상태였다. 그로 인해 병보석으로 풀려나긴 했는데 그 해 4월에 결국 죽음을 맞이한다. 이때가 그의 나이 만 37세였으니 젊디젊

영화 "금홍아! 금홍아!" 포스터

은 시절에 요절한 것이다.

다시 우리의 이야기로 돌아가서, 그가 살던 집터에는 여러 채의 작은 한옥이 있었는데 앞에서 본 대로 1990년대 말 이후 서촌에 다세대주택 건설 열풍이 불었다. 이 한옥들도 그 후보이어서 다 헐릴 운명에 처했던 모양이다. 그런데 마침 이 집의 소유주가 이 집이 이상과 관계되어 있다는 것을 알고 있었다. 그래서 만일 이곳에 새로운 건물이 들어서면 이상을 기념할 수 있는 일을 할 수 없을 것 같아 문화예술인들을 수소문했다고 한다. 그러던 중 김수근 문화재단과 연결되어 이 재단에서 2002년에 이 집을 매입하게 된다. 그런데 이 재단은 자신들이 시인인 이상과는 이념적으로 통하지 않는다고 생각해 문화유산국민신탁과 아름지기 재단에 후속사업을 부탁한다. 그런 끝에 2009년 이 단체들은 결국 이 집을 매입한다.

그런데 그 뒤에도 이 한옥을 철거하고 이상의 기념관을 새롭게 만들자는 주장이 계속 있었던 모양이다. 그러나 파우저 교수가 초대 회장을 맡았던 '서촌주거공간연구회'와 같은 단체가 나서서 적극 반대하는 바람에 이 건물을 유지하는 쪽으로 가닥을 잡았다고 한다. 철거하자는 사람들은 어차피 이 한옥이 이상이 살았던 집이 아닌데 굳이 보존할 필요가 있겠느냐고 주장한 반면 보존하자는 쪽은 사연이 어떻든 이 건물도 수십 년이 된 것이라 충분히 보존할 가치가 있다고 주장했다. 어떻든 다행히 보존하자는 쪽이 승리해 이 집이 이렇게 우리 눈앞에 서게 된 것이다. 이 작은 집이 여기에 있게 되는 데에는 이렇게 많은 사연이 있었다.

이런 설명을 마치고 집안으로 들어가 보면 안쪽은 10평 남짓의 공간으로 되어 있고 아담하게 꾸며져 있다. 여기에는 그다지 주목할 것이 있는 것은 아니니 그냥 차근차근 보면 되겠다. 마당에는 이상의 흉상이 모셔져 있고 한 편에 있는 검은 육중한 문을 열면 계단이 있다. 올라가서 보면 1층을 조망할 수 있는 작은 전망대만 있을 뿐 다른 것은 없다. 이 계단이 바로 앞에서 말한 내 고교 1년 후배인 이 군이 자기네 집의 장독대 계단이라고 주장한 그것이다. 당시 이런 계단은 다른 집에도 있었을 터이니 그의 주장을 있는 그대로 믿을 수는 없다. 이 집의 천장을 보니 서까래 등이 투박한 모양을 하고 있는데 이것으로 보면 이 집은 돈을 많이 들여 지은 집은 아니라는 것을 알 수 있다. 그러나 집 안의 분위기가 차분해 천천히 둘러보면서 그곳에 있는 자료들을 살펴보면 좋을 것이다.

앞에서 이상의 문학에 대해서는 말을 아끼자고 했지만 이곳에 와서 그의 문학에 대해 한 마디도 하지 않고 지나치려니 공연히 섭섭하다. 보통 이상의 문학을 평할 때 그가 모더니즘의 선구자였다는 설명이 가장 많이 나오는 것 같다. 그런데 이 모더니즘이라는 개념이 그리 간단한 게 아니라 이해하기가 힘들다. 모더니즘은 보통 기존의 합리적인 가치관 등을 부정하고 극단적인 개인주의를 표방하며 도시 문명 때문에 생긴 인간성 상실을 고발하는 이념이라고 이해하면 될 듯하다. 이 개념은 매우 다양하고 복잡할 뿐만 아니라 화가나 시인, 소설가 등 많은 예술가들이 모더니즘을 따르고 있어 이들이 각각 내세우는 모더니즘을 단번에 이해하는 일은 쉽지 않다.

이상의 대표작인 '날개'나 '오감도', '건축무한 육면각체' 같은 작품들은 고교 시절에 다 일독한 것이다. 그 가운데에 소설인 날개는 산문으로 되어 있어 그나마 조금은 이해할 수 있었지만 두 편의 시는 너무나 특이해 도무지 이상의 의도를 파악할 수 없었다. 사실 '날개'도 그 주인공이 매우 특이해 현실 세계에서는 있을 수 없는 사람으로 보였다. 매춘을 하는 아내에 얹혀 사는 남자가 주인공으로 나

이상의 집 터 계단

이상의 집 터 계단 위에서 본 풍경

영화 "건축무한육면각체의 비밀" 포스터

오니 그렇게 생각할 수밖에 없는 것이다. 그 소설을 읽으면서 나는 이상이 이 주인공을 통해 자신의 내면세계를 묘사한 것으로 이해했는데 이 이해가 올바른 것인지는 잘 모르겠다.

그러다 이상의 시를 만나게 되면 어떤 말도 할 수 없게 된다. '오감도'가 신문에 연재되다가 독자들의 항의 때문에 중단되었다는 것은 익히 알려진 사실이다. 또 띄어쓰기 하나 없는 '건축무한 육면각체'는 양은 얼마 안 되지만 읽는 것 자체가 힘들다. 도대체 말에 조리가 없기 때문이다. 이상의 시가 이렇게 된 것은 그가 무의식적으로 받아쓰는 초현실주의의 기법을 활용했다는 분석이 있다. 이 때문에 이상의 시는 초현실주의를 표방했다느니 인간이라는 존재의 모순됨을 역설과 유희로 표현했다느니 하는 설명을 하는데 이러한 평도 이해할 수 없다. 난해하게만 쓰면 그게 다 초현실주의가 되는 건지, 그리고 인간의 모순이라는 게 구체적으로 무엇을 뜻하는지 확실하지 않다.

또 어떤 설명에 따르면 이 시들이 띄어쓰기를 무시하고 있을 뿐만 아니라 동일한 구문을 자꾸 반복해서 낯설게 보이게 만듦으로써 사람들이 처한 불안과 공포의 상황을 보여준다고 한다. 이 같은 생소한 기법을 사용해 현대인의 불안 심리를 보여준다는 것인데 현대인이 무엇 때문에, 또 어떻게 불안한지에 대해서는 부연 설명이 없다. 예술평론가들은 '꺼떡하면' 현대 예술이 현대인이 지닌 소외나 불안을 나타낸다고 주장하는데 불안이나 공포는 현대인만 느끼는 게 아니다. 전근대나 원시 시대에 살았던 사람들도 다 비슷한 것을 느꼈다. 그런데 왜 현대인만 그렇게 살았다는 식으로 말하는 것인지 의문스럽다. 좌우간 이 이상 같은 문학가는 그가 처해 있는 세계가 워낙 독특해 내가 무엇이라고 말할 입장이 안 된다. 이 정도면 이곳과 얽힌 이야기들을 충분히 했다는 생각이다. 이제 다음 행선지로 가자.

염상섭 집터와 노천명 집터를 지나면서　　우리는 노천명 집터로 가서 그 김에 이상범 가옥으로 갈 것이다. 그런데 가는 길이 쉽지 않다. 안내판이 없어 처음 가는 사람은 찾기 힘들 것 같다. 이상 집터에서 더 올라가다가 마지막 골목에서 왼쪽으로 꺾으면 자하문로2길이다. 그 길로 조금 가다보면 장애인 복지시설인 '라파엘의 집'이 나온다. 그 오른쪽 2층 벽돌집이 염상섭의 집터라고 전해지는데 아무 안내판도 없을 뿐만 아니라 그를 상기할 수 있는 어떤 흔적도 없다. 그를 조금이라도 느끼려면 외려 그가 앉아 있는 동상이 있는 광화문 교보문고로 가야할지 모르겠다.

고등학교 다닐 때 국어 시간에 그의 대표작인 "표본실의 청개구리"가 한국의 소설 가운데 한국적 리얼리즘, 즉 사실주의적으로 접근한 최초의 시도라는 설명을 들은 것 같은데 그 정확한 뜻은 아직도 모른다. 이 소설도 그때 이후로 다시 읽지 않아 정확한 내용이 잘 생각나지 않는다. 게다가 이 자리에는 그를 상기할 만한 것이 아무것도 없으니 이런 데에서 그에 대해 설명하는 것은 무색하다.

이 같은 심정은 그 바로 앞에 있는 노천명의 집터에서도 느껴진다. 라파엘의 집 앞 골목으로 들어가면 노천명 집터가 나오는데 여기에도 아무 표식이 없어 처음 간 사람은 어떤 집이 노천명의 집인지 알 길이 없다. 이전에 갔을 때에는 옛날 집이 그대로 있었는데 최근 다시 가보니 완전히 개수해 웬 게스트하우스로 바뀌어 있었다. 그러니 여기서도 할 말이 별로 없다. 그가 1957년 이 집에서 사망했다는

노천명 집터 한옥

사실 정도나 이야기할 수 있을까?

　노천명 하면 우리의 뇌리에 대번 떠오르는 시는 '모가지가 길어서 슬픈 짐승이여'로 시작하는 '사슴'일 것이다. 고등학교를 다닌 사람이라면 누구나 알 법한 유명한 시다. 이 시 때문에 우리는 노천명이 고아(高雅)하고 순수한 성정을 가진 여성일 거라고 생각할 수 있다. 그런데 현실은 조금 달랐던 모양이다. 그는 오만할 정도로 자존심이 강하고 도도했던 것으로 알려져 있다. 그래서 그런지 그는 그의 첫 번째 시집인 『산호림(珊瑚林)』(1938년)에 실린 '자화상'이라는 시에서 자신의 성격에 대해 '대처럼 꺾어질망정 구리처럼 휘어지지 않는다'고 표현하고 있다. 그의 대표작인

'사슴'은 바로 이 시집에 수록되어 있다.

그런데 그의 두 번째 시집인 『창변(窓邊)』에 재미있는 일화가 얽혀 있어 우리의 주목을 끈다. 1945년 2월에 출간된 이 시집에는 원래 9편이나 되는 친일적인 시가 있었다고 한다. 그런데 그 해 8월에 일본이 패망하자 이 친일 시가 문제가 되었다. 그러자 궁여지책으로 그는 이 시집에서 친일 시가 실린 부분을 뜯어내고 시집을 다시 출간했다고 한다. 그런데 문제가 있었다. 친일 시가 있는 부분은 맨 뒤라 걷어내기 쉬웠는데 목차에서는 친일 시의 제목과 일반 시의 제목이 같은 페이지에 있어 그 페이지 전체를 들어내기 힘들었던 모양이다. 그래서 사진에서 볼 수 있는 것처럼 편법으로 이 친일 시 제목 부분을 종이로 가려서 출간을 단행했다.

노천명의 이러한 태도는 조금 이해하기 어려운 면이 있다. 우선 상식적으로 생각해보면 이 시집을 아예 폐기했으면 문제의 소지를 줄일 수 있을 텐데 왜 이런 무리수를 두었는지 모르겠다. 또 그렇게 이 시집을 내고 싶었다면 친일 시를 빼고 아예 다른 책으로 만들어 출간할 수도 있지 않았을까 하는 생각도 해본다. 앞에서는 그가 자존심이 매우 강한 사람이라고 했는데 여기서는 그 설명이 맞지 않는다는 느낌이다. 자존심이 강하다면 이 시집을 절판시켜야

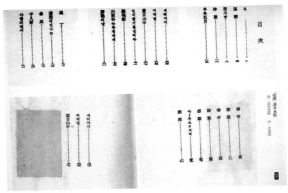

친일 시 제목을 가린 시집 『창변』의 목차

했던 것 아닐까? 그러나 그의 깊은 의중을 알 수 없으니 함부로 판단해서는 안 되겠다.

어떻든 이 길지 않은 길을 걸어오면서 우리는 근대 문학의 거장 3인을 만났다. 이처럼 문인들이 집약적으로 살았던 동네는 서울 바닥에 흔치 않을 것이다. 무엇이 이 문인들을 서촌으로 모여들게 했을까? 이 주제는 좀 더 시간을 두고 여러 방면에서 생각해보아야 할 것이다. 우선 생각나는 것은 이곳은 이미 조선조 말에 중인들이 시회 활동을 하던 곳이니 문학적인 토양의 뿌리가 깊은 곳이라 할 수 있다. 그러면 곧 드는 질문은 왜 이곳이 문학과 관계가 깊은 곳이 되었을까 하는 것인데 언뜻 스치는 생각은 이곳의 자연 경관 때문 아닐까 한다. 이곳은 인왕산의 밑자락이라 마을 어디에서 보아도 자연 경관이 빼어나기 짝이 없다. 이것은 지금 가보아도 그 사정을 알 수 있다. 골목을 다닐 때마다 언뜻 보이는 인왕산이 매우 수려하다. 그런가 하면 지금은 다 복개되었지만 당시에는 산에서 흘러내리는 물로 개천이 곳곳에 있었다. 이상의 집 터 앞에도 개천이 있었다. 이런 자연 환경 때문에 문인들, 그리고 곧 가게 될 이상범 혹은 천경자 같은 화가들이 모여든 것 아닐까 하는 생각이 든다. 예술과 자연이 만나는 최적의 동네가 바로 서촌이었던 것이다.

근대 한국화의 최고봉인 청전 이상범의 집을 찾아　이제 우리는 이상범 화백의 집을 찾아가는데 중간에 또 언급할 집이 있다. 이처럼 서촌은 거리거리마다 이야기가 서려 있어 빨리 답사를 진행하지 못한다. 노천명 가옥에서 필운대로로 나와서 왼쪽으로 조금 가면 이상범 가옥으로 가는 골목이 나오는데 거기서 조금만 더 왼쪽으로 가면 더소호(The SOHO)라는 간판이 있는 건물이 있다. 이곳은 시인 이승신 씨가 운영하는 복합문화공간이다. 이곳에는 화랑, 식당, 임대아파트 등이 있는데 과거에 한 차례 그를 만나 그 내부를 돌아보고 이 집의 내력에 대해 들은 적이 있어 소개해

문화복합공간 더소호(The SOHO)   더소호 현관 옆에 있는 손호연
시인의 집 간판

본다.

여기에는 원래 역사가 300년쯤 되고 대지가 약 300평
에 달하는 큰 한옥이 있었다. 이승신 시인은 이 집에서 태
어나고 자랐는데 1990년대 중반에 여기에 필운대로가 들
어서면서 집의 1/3이 헐려나갔단다. 서울시 당국이 거기

에 왜 그렇게 넓은 길을 만들려고 했는지 모르지만 지금 같으면 생각할 수도 없는 일을 서울시가 한 것이다. 그래서 하는 수 없이 그는 한옥을 헐어버리고 지금과 같은 집을 지은 것이다. 그 한옥이 지금도 남아 있으면 얼마나 좋았을까 생각해보는데 너무나 아깝다는 마음밖에는 들지 않는다. 그때 이 집을 돌아보니 피카소나 샤갈, 미로 등이 그린 진짜 작품들이 있어 놀라워했던 기억이 아직도 난다.

이 건물 현관 옆에는 '손호연 시인의 집'이라는 간판이 있다. 이 분은 이 씨의 모친으로 매우 특이한 경력을 갖고 있다. 2003년에 작고한 그는 한국 유일의 '와카[和歌]' 시인이라고 한다. 와카란 일본에만 있는 장르로 30자 정도로 된 아주 짧은 시, 즉 단가를 말한다. 한국인인데 일본 고유의 시의 전문가가 되었으니 경력이 특이하다고 할 수 있다. 그는 한국보다 일본에서 더 유명해서 '천황가(家)' 행사에도 초청되고 고이즈미 전 수상이 한국을 방문했을 때 그가 지은 와카를 인용하면서 연설을 했다는 이야기도 전해진다.

이 시인을 만났을 때 그는 우리 일행을 아주 유명한 곳으로 안내해주었다. 그곳은 바로 영화 '건축학개론'을 찍은 한옥이었는데 그의 소유였다. 이 집은 이상범 가옥에서 걸어서 2~3분이면 갈 수 있는데 혼자서는 찾기 힘든 위치에 있다. 그때는 주인과 함께 갔으니 집안 곳곳을 볼 수 있었지만 지금은 가봐야 항상 문이 닫혀 있어 안을 들여다볼 수 없다. 또 들어가 봐야 영화의 남녀주인공이 앉았던 마루에서 사진 찍는 정도의 일을 할 뿐이지 더 할 일이 없다. 게다가 이 영화가 사람들의 뇌리에서 거의 사라진 지금 이 집에 가는 것은 별 의미가 없겠다.

이상범 가옥으로 가는 골목에서 - 천경자 화백을 생각하며 이상범 가옥으로 가는 골목은 자칫하면 지나칠 수 있다. 나도 이 골목을 찾다가 지나쳐서 왔다 갔다 한 적이 꽤 있다. 이 집의 소재에 관해서 팁을 하나 주면, '청운자동차 공업사'라는 가게에 조금 못 미쳐 있는 골목으로 들어가면 이집에 갈 수 있다. 그 골목 입구에는 안내판이 달려 있지만 작아서 잘 보이지 않는다. 어떻든 골목으로 들어가면 막다른 곳에 이상범 가옥이 있는데 그 왼쪽에는 또 그냥 지나칠 수 없는 사람의 집이 있다. 바로 화가였던 천경자 씨(1924~2015)의 집이다. 지금은 염상섭 집터처럼 완전히 새로 건설한 다세대주택으로 바뀌어 있다.

나는 그나마 이 집이 잔존해 있을 때 가보았는데 이 집이 헐리더니 곧 이런 번듯한 집이 들어섰다. 이로써 천 화백의 흔적은 완전히 사라졌다. 천 화백을 체감할 수 있는

다세대주택으로 바뀐 천경자 화백의 집

것이 아무것도 없는 것이다. 사실 그는 이 집에서 오래 살지는 않았다. 1959년에 이 집에 들어왔다가 3년 뒤인 1962년에 윗동네인 옥인동으로 이사 갔기 때문이다. 옥인동 집으로 가면서 2층에 화실을 만들었다고 하는 걸 보니 여기 있던 집은 작업하기에 작았던 모양이다.

그는 해방 전에 동경여자미술전문학교 등에서 수학했는데 이 때문에 일본화의 영향을 받았다는 평이 있다. 그런데 그의 그림을 볼 때마다 연상되는 화가가 있으니 프랑스의 고갱이 그다. 이 두 화가의 그림이 가진 전반적인 분위기가 아주 비슷하다. 그의 작품이 지닌 특징을 한 마디로 말한다면 강렬한 채색화라고 할 수 있다. 특히 몽환적이면서도 애잔하게 보이는 여인 그림이 그의 대표작처럼 보이는데 이 여인은 그의 자화상일 것이라는 평이 지배적이다. 그의 그림에 대해서는 많이 알려져 있으니 여기서 상세하

1970년 개인전 당시 천경자 화백 (좌측에서 세번째) (국가기록원 제공)

게 언급할 필요 없겠다. 게다가 그는 말년에 자신의 그림을
서울시립미술관에 기증했기 때문에 그곳에 가면 언제든지
그의 그림을 볼 수 있다. 그러니 나의 알량한 설명을 듣는
것보다 그곳에 가서 그림을 직접 보는 게 좋겠다.

　　그가 노년에 겪었던 가장 큰 고비는 잘 알려진 것처럼
1991년에 있었던 '미인도' 위작 논란이었다. 본인은 이 그림이 자기 그림이 아니라고 강하게 주장했지만 국립현대미술관 측은 진품이 틀림없다고 반박했다. 그 뒤의 복잡한이야기는 접기로 하자. 아직도 천 화백의 유족들은 그 작품이 가짜라고 주장하고 미술관 측은 반대의 입장을 갖고있어 그 틈새가 좁혀질 여지가 보이지 않는다.

나는 천 화백의 둘째 딸과 대학을 같이 다녔는데 이번에천 화백에 대해 꼼꼼히 들여다보면서 애환에 찬 그의 가족사를 알게 되었다. 나는 천 화백의 딸에 대해 잊고 있었는데 2015년에 미인도 위작 여부 사건이 이 둘째 딸의 고소로 언론에 회자되었다. 그 때문에 이 딸의 사진이 신문에보도되었는데 그때 보니 그의 대학생 때 얼굴이 생각났다.이번에 천 화백을 이모저모 조사하면서 가장 와 닿았던 것은 소설가 박경리 씨가 천 화백에 대해 쓴 글이다. 씨는 천화백에 대해 시 같은 문장을 남겼는데 그 가운데 가장 인상적인 문구는 '꿈은 화폭에 있고, 시름은 담배에 있고, 용기 있는 자유주의자, 정직한 생애. 그러나 그는 좀 고약한예술가다'인데 이것으로 그에 대한 평을 대신하고 싶다.

이상범 가옥 안으로 청전 이상범(1897~1972)의 집은 종로구청에서 관리하고 있어 항상 개방되어 있다. 오랜만에 이집을 들어가면서 처음 든 생각은 '고맙다'는 것이었다. 이

정면이 이상범 가옥이고 왼쪽 빌라가 천경자 화백 집터다

상을 필두로 해서 지금까지 보았던 예술가들의 집은 남아
있는 게 없었는데 청전의 집은 이렇게 온전하게 남아 있으
니 고마운 것이다. 게다가 항상 개방되어 있어 아무 때나
갈 수 있으니 더 더욱이 좋다. 또 관람객이 별로 없어 호젓
하게 감상할 수 있다. 어떤 때는 혼자 보는 경우도 있었다.
게다가 집안까지 들어갈 수 있고 그가 거처하던 방을 통과
해 그의 작업실인 화실까지 들어갈 수 있으니 아주 좋다.
대가가 친히 주석했던 현장에서 그의 흔적을 경험하는 것
은 흥분되는 일이 아닐 수 없다.

이번(2019년 말)에 이 글을 쓰면서 오랜만에 다시 이 집
에 가보았는데 마음가짐이 좀 남달랐다. 왜냐하면 2019년

이상범 가옥 안내문

에 '갤러리 현대'에서 주최한 이상범 그림 전시회를 보았기 때문이다. 지금까지는 그의 그림을 한두 작품만 보았지 이 전시회에서처럼 많이 본 적이 없었다. 그때 갤러리 현대에 가서 그의 대작을 비롯해 수많은 작품을 보니 한마디로 대 감동이었다. 역시 청전은 당대 최고의 화가라는 느낌을 지울 길이 없었다. 그는 붓질이나 묵법의 면에서 독자적인 양식을 만들어냈다는 평을 듣는다. 독자적이라고는 하지만 나는 그의 그림에서 김홍도의 체취가 느껴진다. 그런 면에서 내 나름대로 그의 그림을 평가하면, '청전의 그림에는 조선의 마지막 손길'이 남아 있다고 말하고 싶다. 그러니까 김홍도나 정선 등에서 느껴지는 조선적 터

이상범 가옥 전경과 꽃담

치나 파토스가 있다는 것이다. 그래서 그런지 그의 그림은 항상 고요해 보는 이의 마음을 편안하게 해준다. 청전 이후로 이렇게 조선의 느낌이 살아 있는 그림을 그린 화가는 더 이상 없는 것 같다.

그는 조선말의 큰 화가였던 안중식과 조석진에게서 그림을 배웠다고 하는데 이 가운데 특히 안중식에게서 많이 배웠다. 여기서 안중식의 화풍이 남종화와 북종화의 절충을 지향했다느니 하는 전문적인 이야기는 하지 않겠다. 그런 설명은 비전문가들에게는 별 도움이 되지 않는다. 청전 그림의 특징은 무엇보다 그 대상이 매우 향토적이고 서정적인 자연 풍경이라는 것이다. 그리고 그것을 그만이 갖고 있는 한국적인 정취로 담담하게 표현한 것이라 할 수 있다. 그는 빼어난 경치를 그리기보다 평범한 산과 나무, 또 그 사이를 걸어가고 있는 농부나 아낙, 그리고 작은 내나 돌을 그리는 것을 선호했다. 그래서 그의 그림을 보면 잊고 있었던 고향의 풍경이 연상되어 마음이 푸근해진다. 앞서 말한 갤러리 현대에 전시된 작품들도 많은 경우 낮은 산하에 웬 남자가 지게에 풀이나 나무를 짊어지고 가고 있는 것을 그린 그림이었고 혹은 아낙이 머리에 짐을 얹고 가는 것을 그린 그림들이었다. 또 어떤 때는 소를 대동해서 가는 것을 그린 그림도 있었다.

그런 그림들을 보면서 청전이 다루고 있는 소재가 너무 한정된 것 아닌가 하는 생각을 했는데 그렇지 않아도 그 비슷한 비판이 있었던 모양이다. 즉 소재의 면에서 천편일률적으로 같은 세계를 고수했다는 비판이 그것이다. 그런 비판이 일리가 있다고 생각하지만 작품이 좋으면 됐지 무엇을 어떻게 그렸는지에 대해서는 상관할 필요가 없지 않을까 하는 생각도 든다. 다시 말해 그림이 좋으면 됐지 다른 것은 개의치 말자는 것이다.

그는 이 집에서 1942년부터 30년 동안을 살았고 죽음도 1972년에 이 집에서 맞았다고 하니 이 집과는 인연이 깊다고 할 수 있겠다. 집의 안채는 ㄱ 자로 되어 있고 여기에 화실이 붙어 있다. 앞마당에는 꽃담이 있는데 복원 전에는 이 그림이 가려져 있었다. 복원하면서 앞에 있는 것들을 치우니 부분적으로 손상된 지금과 같은 그림이 나왔다. 대청마루에 들어서니 반가운 물건이 하나 눈에 들어왔다. 옛날 TV였다. 이 TV는 1960년대 중반에 우리 집에 처음 들어왔던 TV와 거의 같은 모습이었다. TV가 나오던 초창기에는 가구처럼 생긴 이런 수상기가 유행했다. 그런 TV가 어떻게 아직도 이곳에 보관되어 있는지 궁금하다. 그리고 청전이 이 TV를 직접 보았는지도 궁금한데 시기적으로는 그럴 가능성이 충분히 있다.

이상범 가옥 대청마루

청전의 방

마루에서 오른쪽으로 들어가면 응접실과 청전이 자던 방을 지나 화실에 이른다. 바로 이 화실에서 청전은 자신도 그림을 그리고 배렴이나 박노수 같은 제자들도 길러냈을 것이다. 이 화실에 가니 감동이 저절로 밀려왔다. 앞에서 말한 대로 그가 그림

청전 이상범

을 그리던 현장을 직접 목격할 수 있으니 말이다. 방에는 그가 그림을 그릴 때 직접 썼던 도구들이 즐비해 있다. 이런 도구들도 보아야 하겠지만 이 방에서 꼭 보아야 할 것은 1959년에 미국 공보원에서 해외홍보용으로 만들었다고 하는 동영상이다. 이 영상은 모니터에서 계속 틀어주는데 몇 분 안 되는 짧은 것이라 금세 볼 수 있다. 이 영상이 좋은 것은 청전의 생전 모습을 생생하게 볼 수 있기 때문이다. 그가 붓을 고르는 모습이라든가 실제로 그림 그리는 모습이 영상으로 전달되고 있어 아주 좋다.

그런데 중간에 웬 농부가 소를 몰고 가는 영상이 나와 궁금증을 자아냈다. 추정컨대 이 장면은 청전이 그렸던 대

붓을 고르고 있는 청전

청전이 그린 그림의 실경 중 한 예

상의 실제 모습을 예시처럼 보여주고 있는 것이리라. 청전이 이런 한국적인 경광을 그렸다는 것을 알려주는 것이다. 그러고 보니 이 영상은 청전의 그림과 닮은 데가 많이 있다. 1959년과 같은 때에 인물을 찍은 동영상은 매우 희귀하다. 당시의 사회상을 담은 동영상은 영화, 혹은 기껏해야 국가가 만든 '대한 뉘우스' 같은 것밖에 없는데 청전의 경우는 이런 영상이 남아 있어 행복한 경우라 하겠다. 청전의 동영상이 남아 있다는 것은 당시에 그가 한국 최고의 화가 중의 한 사람으로 평가되고 있었다는 것을 말해준다.

청전의 경력을 보면 매우 화려하다. 상도 많이 받았고 영예로운 자리에도 많이 추대되었다. 그러나 그런 것을 일별하는 것은 비전문가들에게는 별 의미가 없을 터이고 그의 이력과 관련해 재미있는 것 하나만 소개해야겠다. 그러나 이것도 잘 알려진 사실이라 장황하게 소개할 필요는 없다.

1936년 베를린 올림픽 때 손기정 선수가 마라톤에서 금메달을 땄다는 것은 누구나 다 아는 사실이다. 이때 청전은 동아일보 기자로 근무하고 있었는데 체육부 기자의 부탁을 받고 손 선수의 가슴에 있던 일장기를 지워주었다고 한다. 우리는 그 사진을 많이 보았는데 이 사건에 청전이 연루되었다는 사실은 잘 몰랐다. 어떻든 이 사건으로 청전

이상범 가옥 화실 전경

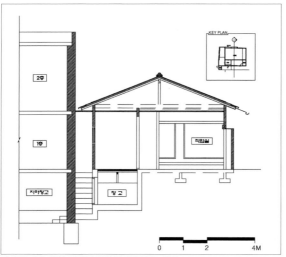

이상범 가옥 화실 단면도(서울역사박물관 제공)

작업실에 걸려 있는 청전 초상화

청전이 사용하던 미술도구

은 검거되어 취조를 받았고 결국 동아일보사를 그만 두게 된다. 이렇게 민족의식이 강했던 그도 1940년대에 들어가면서 노골적인 친일 인사로 탈바꿈하게 된다. 조선미술가협회(朝鮮美術家協會) 같은 친일단체에 들어가 친일 활동을 한 것이다. 그 외에도 친일 행적이 많은데 그것을 죄다 열거할 필요는 없겠다. 노천명도 그렇고 일제 말기의 한국의 지식인들은 대부분 같은 길을 걸어서 씁쓸하기 그지없다. 초기에는 민족주의자로 살다가 말기에는 대부분 변절하니 말이다.

청전의 집에서는 이 정도 살펴보고 나오기로 하는데 골목을 지나면서 한 가지 궁금증이 생긴다. 앞에서 본 대로 우리는 천경자 화백이 1959년부터 3년 간 청전의 바로 앞집에서 살았다는 것을 알고 있다. 그렇다면 이 두 사람은 어떤 식으로든 교류가 있었을 것이고 최소한 집을 드나들면서 서로 만났을 텐데 이에 대한 이야기가 하나도 없는 것이 이상하다. 그들은 크게 보아 동양화 화가라는 같은 '업종'에 종사한 사람들인데 그렇다면 그들 사이에는 분명히 어떤 에피소드가 있었을 것 같은데 아무 것도 발견되지 않으니 이상하다는 것이다. 이 점에 대해서는 더 조사해보아야 하겠다.

다시 자하문로7길로 - 대오서점을 들여다보며　다음 행선지는 대오서점인데 가는 길은 어렵지 않으니 지도를 보고 각자 찾아가자. 아까 들른 이상의 집터에서 계속해서 북쪽으로 올라가면 만날 수 있다. 이 책방은 연예인들도 찾는 등 많이 알려져 있어 설명이 그리 필요 없을 것이다. 이 서점을 한 마디로 하면 비록 지금은 영업을 하지 않지만 서울에서 가장 오래된 책방이라고 할 수 있겠다. 조대식, 권오남 부부가 1951년에 개점했다니 이 책방의 역사를 능가할 만한 책방이 없을 게다. 잘 알려진 대로 '대오'라는 이름은 부부 이름의 가운데 글자를 따서 만들었다. 처음에는 한옥에 있던 창고를 개조해 서점을 만들었다고 하는데 사람들이 많이 오자 한옥 내부에도 책장을 만들어 책을 팔았다고 한다.

그러다 할아버지가 타계하자 할머니는 혼자 장사하는 것이 부담되었던지 가게를 좁히고 나머지는 세를 주었다. 그러나 그것도 힘에 부쳤는지 책방을 아예 내놓았다고 한다. 그런데 아무도 책방을 인수하겠다는 사람이 나타나지 않아 그 상태로 있었는데 마침 이 건물의 보존 가치를 인정받아 그냥 갖고 있기로 마음을 바꾸었단다. 그로 인해 이 책방은 서울시로부터 미래 유산으로 지정받는다. 지금은 책방의 외관을 유지한 채 기념품을 팔거나 카페를 운영

대오서점

서점 앞에 걸려 있는 아이유의 앨범 사진

하는 체제로 되어 있다.

나는 대학 다니던 1970년대에 헌 책방 탐색하는 게 취미였을 정도로 이런 책방 다니는 것을 좋아했다. 청계천 6가의 헌 책방 거리에서 좋은 책을 발견하면 뛸 듯이 기뻐하곤 했는데 이 책방을 보고 있으면 그 생각이 나 잠깐 추억에 잠긴다. 가장 기억에 남는 헌 책방은 독립문 사거리에서 영천시장 쪽으로 나 있는 좁은 골목에 있던 책방인데 2018년 경 건너편에 있는 교남동이 참혹하게 개발되면서 같이 없어져버렸다.

이 대오 서점은 작지만 가성비가 아주 좋았던 모양이다. 책 팔아서 주인 부부가 자식 육남매를 모두 대학에 보냈다고 하니 말이다. 나는 이 책방에 꼭 한 번 들어가 보았다. 들어가려면 기념품을 사거나 돈을 내고 차를 마셔야 하기 때문에 서촌에 갈 때마다 들어갈 수는 없었다. 그때 학생들과 같이 들어가 보았는데 헌 책들이 사방에 있었고 작은 책걸상이나 아주 오래된 사진기 등 낡은 물건들이 많이 있었다는 기억이 남는다. 더 기억에 남는 건 테너 엄정행 교수의 레코드판이었다. 나는 이 판에 있는 '목련화'라는 노래를 많이 듣고 따라 부르곤 했는데 오랜만에 그 판을 보니 또 옛날 생각이 났다.

이 집이 유명해지니까 연예인들이 찾기 시작했는데 그

중 가장 잘 알려진 것은 가수 아이유다. 그는 자신의 앨범('꽃갈피') 표지 사진을 이 서점 안에서 찍었다. 그래서 이 책방을 찾은 젊은 친구들은 한동안 아이유가 사진 찍은 곳에서 같은 자세로 사진을 찍기도 했다. 그런가 하면 이번에 조사하다 알게 되었는데 방탄소년단의 RM(본명 남준)도 이곳을 다녀갔다고 한다. 그의 사인이 남아 있던데 나는 그것을 사진으로만 보고 직접 눈으로는 확인하지 못했다.

다음 행선지는 아주 가까운 데에 있다. 이 서점 바로 위에는 영화루라는 중국음식점이 있다. 이 집은 2대 째 이곳을 지켰는데 그 역사가 50년이 넘는다. 이전에 서촌에는 이 영화루 말고도 약 10개 정도의 중국음식점이 있었다고 하는데 지금은 다 없어지고 이 집 하나만 남았다. 이 집에는 남들이 모르는 장수비결이 있었나 보다. 그 인기는 다음과 같은 이야기로 알 수 있지 않을까 싶다. 서촌 주민들이 모두 알고 있는 음식점 전화번호가 두 개 있는데 이 집의 것과 곧 우리가 보게 될 영광통닭집의 번호가 그것이다. 서촌 주민들은 이 정도로 이 두 집을 친숙하게 느끼는 모양이다. 나는 꽤 오래 전에 이 집을 방문해 식사를 한 적이 있는데 그때 이 집 주인은 청와대에서도 음식 주문을 많이 받는다고 은근히 자랑을 했다.

역사가 50년이 넘는 중국집, 영화루

　　이 집의 음식 가운데 가장 유명한 것은 이른바 고추 간 짜장(그리고 고추 짬뽕)이라 불리는 음식이다. 쉽게 말해서 매운 간짜장을 말하는 것이다. 이 매운 맛은 청량 고추를 써서 내는 맛이라고 한다. 내 기억으로는 수 년 전에 이 집에 갔을 때 고추 짜장면을 먹은 것 같은데 지금은 고추 간 짜장으로 바뀌었다. 오래 전 일이라 기억은 잘 나지 않지만 그때 먹었던 짜장면의 맛은 괜찮았던 것 같다. 그런데 요즘 가격을 보니 이 고추 간짜장의 가격이 제법 셌다. 9천 원으로 되어 있으니 말이다. 그런데 짜장면은 언제나 가장 서민적인 음식이라고 생각해서 그런지 이런 가격이 익숙하지 않다. 그 때문에 선뜻 이 집에 들어가는 일이 주저된다. 게다가 나는 나이가 조금 든 이후로는 저녁에 밀가루 음식을 먹는 것을 피하기 때문에 이 집으로 발길이 더 가지 않는다. 밀가루 음식은 소화가 잘 되지 않아 저녁 때 이런 음식을 먹으면 밤새 잠을 잘 못 자기 때문이다. 또 이런 집에 가면 백주 같은 센 중국술을 마셔야 되니 더 더욱이 발걸음이 당기지 않는다.

그래서 대신할 식당을 찾아보았는데 마침 그 주위에 저녁과 막걸리를 같이 할 수 있는 '옥이네 밥집'이라는 식당이 있었다. 이 집은 영화루 조금 못 미쳐서 있는데 입구가 작아서 찾기 어려울 수 있겠다. 이 집의 음식은 가정식처럼 나오기 때문에 나물 등과 함께 막걸리 한 잔 하기에 썩 좋다. 가격도 세지 않으니 가성비가 좋은 집이다. 그냥 참고로 소개해 본다.

여전히 인기 있는 통인시장　다음 행선지는 통인시장이다. 이 시장은 맛집도 많고 분위기도 좋아 서촌에 오면 반드시 들리는 곳이다. 전통 시장의 훈훈한 분위기가 묻어 나오는 그런 곳이다. 그런데 이 시장의 역사를 보니 시작은 일본인들을 위한 것이었다. 앞에서 본 것처럼 통의동에는 동양척식회사 관사가 들어서고 그 뒤로는 경복궁에 총독부가 건립되는 등 주위에 일본과 관계된 건물들이 많이 서게 된

통인시장

다. 그렇게 되니 당연히 일본인들이 이 일대에 많이 살게 되었고 총독부에서 그들의 편의를 위해 이곳에 시장을 세워준 것이다. 1941년에 이 시장을 만들었다고 하니 그 시작이 꽤 늦은 것을 알 수 있다.

그렇다고는 하나 지금은 일본색을 전혀 찾아 볼 수 없고 전통적인 먹거리와 관계된 업소가 많다. 전체 점포 수는 70여 개인데 식당이나 반찬가게 등 요식업과 관련된 집이 제일 많다. 그 다음으로는 채소나 과일, 생선, 육고기 등 1차 생산품을 파는 가게들이 있고 그 외에 옷이나 옷을 수선하는 가게, 신발, 그리고 가방이나 구두를 수선해주는 가게 등 다양한 가게들이 포진해 있다.

진짜 원조 떡볶이를 찾아서　　나는 이 시장에 가면 거의 서쪽 입구로 가기 때문에 뒷문으로 들어가는 격이 된다. 정문은 자하문로 쪽에 있다. 그 정문 입구에는 '합기도 보존연구회'라는 생경한 단체의 사무실이 있는데 그 정체는 잘 모르겠다. 나는 50여 년 전에 합기도를 한 적이 있어 이 사무실이 남다르게 보였다. 그 쪽에서 시장으로 들어오면 이 시장을 대표하는 가게인 떡볶이 집이 두 개 나온다. 먼저 나오는 집이 '원조 할머니 기름 떡볶이' 집이고 그 다음에 나오는 집은 이름이 앞집과 다 같은데 할머니 대신 '정 할머니'라고 한 것만 다르다. 굳이 선후를 따진다면 앞집이 훨씬 더 오래된 집으로 간판에는 1956년에 시작한 것으로 되어 있다.

이 두 집과 관계해서 재미있는 것은 2014년에 미국의 국무장관인 존 케리가 이 떡볶이 집을 방문한 사건일 것이다. 그때의 상황은 사진에 고스란히 찍혀 있다. 두 번째 집에 가보면 당시 케리가 방문해 떡볶이를 먹는 사진이 걸려 있다.

두 번째 집을 방문한 김에 주인 아주머니와 이야기를 나누어보니 재미있는 이야기가 많이 나왔다. 자신이 이 집을 연 것이 35년 전쯤이라 하길래 계산해보니 이 집은 1980년대 중반에 영업을 시작한 것 같다. 그때에는 이 시장 안

통인시장 원조떡볶이집

에 떡볶이를 팔던 할머니들이 많았는데 지금은 이렇게 두
집만 남았다고 한다. 케리 장관 방문 사건에 대해 물으니
재미있는 이야기가 나왔다. 케리 일행이 떡볶이 집을 방문
하기로 한 것은 당시 미국 대사였던 성 킴의 생각이었다고
한다. 한국계 미국인인 성 킴은 자신이 어렸을 때 이 떡볶
이를 맛있게 먹었던 기억이 있어 자기도 먹고 케리에게도
소개해주고 싶었다는 것이다. 그 일행은 저녁 때 왔는데
그날 아침부터 이 집에 미국 대사관 직원이나 청와대 직원

기름 떡볶이

떡볶이 먹는 케리 미 국무장관 사진

기름 떡볶이를 만들고 있는 모습

이 왔다갔다고 한다. 아마 보안도 점검하고 음식도 문제없는지 보러 온 것일 것이다. 그때 미국 대사관 직원이 와서 말하길 저녁 때 자신이 친구와 같이 올 거라고 했다고 한다. 그런데 이런 거물들을 데리고 올 줄은 전혀 몰랐다고 주인아주머니가 웃으며 말해주었다. 이 시장에 오면 이렇게 이야기 거리가 많아 재미있다.

통인 시장 주변의 오래된 음식점들 떡볶이집에 대해 그 정도 보고 다른 식당을 보자. 정 할머니 집 옆 골목으로 들어가면 통인 감자탕집이 나온다. 나는 이 집의 존재를 진즉에 알고 있었는데 이 음식을 잘 먹지 않아 이 식당에 갈 생

통인 감자탕 집

각을 하지 않았다. 그러다 설재우 씨의 책을 다시 보다가 이 집을 언급하는 것을 보고 가봐야겠다는 마음이 생겼다. 설 씨가 이 집의 음식을 '강추'했기 때문이다. 동네 주민이 추천하는 집은 검증이 끝난 것이라 무조건 가도 된다. 실패가 없다.

그래서 2020년 1월 11일 제자들과 서촌 답사를 끝내고 드디어 이 식당에 가게 되었다. 그곳서 감자탕을 먹어본 결과 대만족이었다. 양도 많지만 그 국물 맛이 내가 어릴 때 먹던 해장국과 흡사해 아주 좋았다. 해장국 이야기가 나와서 말인데 이 집의 감자탕(해장국)은 내가 지금까지 먹어본 해장국 가운데 가장 고전적이었다. 옛맛이 난다는 것이다. 종로 1가에 가면 오래된 해장국 집이 있는데 거기 해장국도 옛맛이 나지 않았는데 이 집에서 그것을 맛본 것이다. 이처럼 주변에서 옛맛이 나는 해장국을 찾는 일이 쉽지 않았다. 이전에 경복궁 역 사거리에도 그런 집이 있었는데 그 집은 2000년대 중반에 없어졌다. 주인장이 연로해 그만 둔 것 같았다(이 집은 설재우 씨 책에 소개되어 있다). 그 뒤로 먹었던 해장국 중에는 이 집의 해장국이 최고였다. 이것은 같이 먹은 제자들도 동의했다. 따라서 통인 시장에 가면 이 집에 갈 것을 강력 추천한다.

이 시장 안에는 고객만족센터가 있는데 이곳은 도시락 카페로 유명하다. 이 까페의 운용법은 잘 알려져 있어 설명이 그다지 필요 없을 게다. 1개에 500원인 엽전을 구입해 시장 내에 이 카페 가맹점인 반찬가게나 분식집 등에 가서 반찬을 산다. 그리곤 카페로 돌아와 남은 엽전으로 밥과 국을 사서 먹으면 된다. 이렇게 먹으면 이색적인 체험이 되기는 할 터인데 솔직히 말해 나는 이 카페를 이용해본 적이 없다. 답사를 나와서 귀중한 한 끼를 특색 없고 술도 없는 도시락으로 때울 수 없기 때문이었다. 그러나 어린 아이들을 데리고 간다면 한 번 시도해볼만 할 것 같다. 아무리 내가 여기서 음식을 먹지 않는다 해도 이 카페를 안 가볼 수는 없어 올라가보니 2, 3층이 모두 도시락을

통인시장 엽전 도시락

먹는 공간으로 되어 있었다. 2층에서는 밥과 국을 팔았고 물이 준비되어 있었으며 커피 같은 차도 팔고 있었다.

그곳서 조금 더 가면 남쪽으로 골목이 하나 있는데 그 안에는 인왕식당이라는 곳이 있다. 방송에도 출연했다고 해서 들어가 보았는데 소머리국밥이 주 종목이라 한 번 먹어보았다. 나름 괜찮았던 기억이 남는다. 이 식당보다 더 소개하고 싶은 식당이 있었는데 지금은 없다. 어느 날 가보니 식당이 사라져버린 것이다. 설재우씨도 소개한 이 집은 곽가네 식당이라는 곳인데 사찰 음식을 파는 집으로 유명했다. 사찰 음식답게 화학조미료나 오신채를 쓰지 않아 맛이 아주 담백했다. 나는 수년 전에 가서 먹어보았는데 매우 특색 있는 음식점이었지만 음식이 술과는 잘 어울리지 않았다는 기억이 난다. 그래서 그 뒤로는 가지 않았는데 그때 무슨 음식을 먹었는지 기억이 잘 나지 않았다. 그러다 설 씨의 책을 보니 내가 먹은 것이 '연근 견과류탕'인 것 같았다. 이름부터 절 냄새가 난다. 연근을 비롯해 두부, 대추, 호박 등 몸에 좋은 것들이 다 들어가 있었는데 그러다 보니 자연식에 가까워 자극적인 맛이 없었다. 그래서 술안주로는 제격이 아니었지만 매우 좋은 음식이었다고 생각한다. 그런데 없어진 음식점을 이야기해보아야 별 의미가 없으니 에서 그쳐야겠다. 그래도 이런 좋은 식당들이 시장에 계속해서 있었으면 좋았을 터인데 하는 아쉬움이 크다.

여기까지 왔으면 또 시장 서쪽 어귀에 있는 몇몇 음식점을 보아야 한다. 가장 먼저 보아야 할 집은 시장 입구에 있는 효자 베이커리다. 이 빵집은 역사도 깊고 성공도 거둔 동네 빵집이다. 우리도 이 지역에 답사 가면 반드시 이 집에 가서 빵을 사곤 했다. 이 집은 역사가 2020년 현재 약 35년은 되는 것 같다. 그래서 이 지역을 대표하는 산 증인처럼 보인다. 앞에서 말한 설 씨의 책을 보면 이 지역에는 원래 빵집이 10개 이상 있었단다. 그런데 뚜레쥬르나 파리바게트 같은 대형 프랜차이즈 빵집들이 모두 이 효자 베이

효자 베이커리의 효자 빵, '콘브레드'

커리를 이기지 못하고 문을 닫았다고 한다. 이 많은 빵집 가운데 효자 베이커리만 살아남은 것이다. 대단한 집이 아닐 수 없다.

이 집에 가면 반드시 '콘브레드'라는 빵을 사는데 이게 바로 이 집의 대표 빵이다. 빵 안에 옥수수를 넣어서 구운 것인데 아주 맛있고 값도 싸다. 이 집이 갖고 있는 또 하나의 자랑은 앞에서 본 영화루처럼 청와대에 납품한다는 것이다. 청와대는 많은 빵 중에 특히 케이크를 많이 주문한다고 하는데 어떤 용도로 쓰는지는 밝히지 않아 모르겠다. 이 집에 가면 또 좋은 것은 크림빵이나 카스텔라 같은 빵을 덤으로 주는 것이다. 그래서 공연히 횡재한 것 같은 느낌을 받아 기분이 좋아진다. 한 번은 덤으로 주는 빵을 주지 않길래 왜 안 주느냐고 했더니 2만 원 이상 어치를 사야 덤을 준다는 것이다. 빵을 그렇게 많이 살 일은 없어 그냥 나오려고 하니 내게 덤 빵을 건네주었다. 이렇게 이 집은 인심이 좋다. 동네에 이런 집이 있다는 것은 주민들로서는 더할 나위 없이 좋을 것이다. 동네에 사는 맛이 나기 때문이다.

이 빵집 건너편에는 오래된 닭집이 있다. 영광통닭집으로 이 집도 약 35년의 역사를 자랑한다. 영화루에 대해 말할 때 언급했지만 서촌 주민들은 이 닭 집의 전화번호를 다 갖고 있다고 한다. 이것은 이 집이 한 곳에 오래 있었다는 것을 의미할 것이다. 그런데 나는 이 집 닭은 먹어보지 못했다. 안에는 탁자가 없기 때문이다. 그렇다면 사서 집에 가서 먹어야 하는데 그렇게 하면 다 식으니 그럴 수도 없는 일이다. 이 집은 닭도 맛있고 양도 많이 주지만 감자튀김과 닭똥집 맛이 일품이라고 한다. 또 닭의 소스가 맛있다고 하는데 내가 직접 먹어보지 않았으니 무어라고 평할 수 없어 아쉽다.

이 통닭 집 바로 옆 골목으로 들어가면 주민들만 아는 좋은 식당이 있다. '할머니 손칼국수' 집이 그것으로 2020년 1월 초에 가보니 간판만 있고 문은 굳게 닫혀 있었다.

할머니 손칼국수 집

영업을 그만 두었나 하는 궁금증이 들었는데 마침 옆에 옷
수선집이 있었다. 또 제자들을 동원해 그 집에 가서 물으
니 이 식당은 점심때만 장사를 한다는 것이었다. 아마 힘
드니까 한 끼만 파는 것 같은데 언제 점심 때 가서 먹어보
고 싶은 생각이다. 이 집은 수 년 전에 가서 음식을 먹어보
았는데 일반 가정집에서 먹는 가정식 같았다. 이 집의 주
인은 자기가 사는 집에서 칼국수를 한두 그릇씩 팔다가 식
당을 차린 것이다. 그런데 칼국수 하나 시키면 파전과 공기
밥도 주는 등 인심이 아주 후했다. 그래서 주민들이 많이
왔던 모양인데 지금은 점심 장사만 하니 안타깝다.

앞으로도 이 집이 없어지지 않고 점심 장사만이라도 하

면 좋겠다. 왜냐하면 안타깝게도 서촌에 있는 유서 깊은 가게들이 자꾸 사라지고 있기 때문이다. 이 통인 시장에도 낯선 식당들이 많이 들어와 옛맛이 나지 않는다. 우리는 같은 현상을 체부동 시장에서도 목격하지 않았던가. 역사가 수십 년 된 유서 있는 식당들이 사라지고 동네와 연관이 없는 외지 식당이 들어오던 현상 말이다. 이게 어쩔 수 없는 일인지 몰라도 정녕 아쉽기만 하다.

서촌의 친일 매국노 집터를 찾아

이완용 집터로? 이 정도면 이 근처의 유서 깊은 식당은 다 훑은 것 같다. 통인 시장에는 골목들이 몇 개 옆으로 나 있는데 우리는 종로보건소로 가는 골목으로 가보자. 이 골목에는 한옥들이 고스란히 남아 있어 옛정취가 난다. 물론 외벽에 타일을 발라서 이전 모습은 많이 사라졌지만 여전히 볼만하다. 이 한옥들은 대부분 1930년대에 지은 것일 텐데 이 점에 대해서는 북촌과 익선동을 답사하면서 이미 거론했다.

이 골목 끝에서 오른쪽으로 가면 곧 옥인 파출소가 나오는데 이곳서 왼쪽으로 가면 상촌재라는 새로 지은 한옥이 나온다. 이 상촌재 바로 옆에 또 한옥이 하나 있는데 이 집은 내 친구인 김성진 변호사가 사는 집이다. 그는 태평양 법무법인의 대표로 있는데 송파에서 살다가 몇 년 전에 여기에 한옥을 짓고 이사 왔다. 김 변호사는 그때부터 자기 집터는 이완용의 집터의 일부라고 주장했는데 당시는 이완용의 집이 얼마나 큰지 몰랐다. 그러다 조사해보니 이완용의 집터가 엄청나게 넓은 것을 발견하고 깜짝 놀랐다. 우리가 지금 서 있는 이 종로보건소 앞도 이완용의 집터였다.

보건소 바로 앞에 있는 이 상촌재는 2017년에 지은 것으로 폐가였던 한옥을 종로구청이 매입하여 개수해 한옥 문화공간으로 재탄생시켰다. 이름을 상촌이라 한 것은 한참 앞에서 본 것처럼 서촌의 별명인 웃대를 한자로 바꾼 것이다. 이 집은 '강희재'라는 건축사무소에서 설계해서 지었는데 아주 산뜻하고 깨끗하게 지은 집이라는 인상이 남는다. 이 집이 좋은 것은 쉼터를 제공하기 때문이다. 답사 때 여기까지 오면 조금 힘들고 피곤해진다. 특히 더운 여름에는 지치기 마련인데 이 집은 그런 우리에게 쉴 곳을 제공해준다. 물론 여력이 있으면 사랑채에 설치되어 있는 온돌을 구경해도 좋다. 바닥에 온돌을 만들고 투명 막을 덮어 안을 볼 수 있게 해놓았다. 그런가 하면 부엌도 온전하게 복원해 놓아 볼 만하다. 이 집은 잘 지은 한옥으로 인정받

상촌재 입구

왔던지 문화체육관광부로부터 '2018 대한민국 공간문화 대상'을 받았고 국토교통부로부터는 '올해의 한옥상' 등을 수상했다.

조금 쉬고 난 뒤 이 집의 정문 앞에 있는 집을 보자. 물론 담이 있어 안은 잘 안 보인다. 그래서 갈 때마다 더 높은 곳에서 이 집을 보려고 시도했는데 성공하지 못했다. 이 담 안에 있는 집은 이완용 집의 사랑채인 것 같다. 왜 추측으로 말하는가 하면, 주변 사람들에게 물어보면 2000년도 초에 이 집을 완전 개수할 때 이전 집의 형태를 그대로 살려 지었을 뿐이지 이전 집은 아니라고 주장하기 때문이다. 이 집은 개인 소유라 들어갈 수 없다. 그러나 자하문

상촌재 내부 모습

상촌재 사랑채

로 쪽으로 나가면 이 집의 대문 앞으로 갈 수 있는데 거기서는 이 집 건물이 잘 보인다. 나는 심증적으로는 이 집이 이완용 집의 사랑채일 것이라고 생각하는데 누구 하나 시원한 대답을 해주지 않는다.

자기만의 요새를 지은 이완용   여기서 우리는 이완용의 전체 집터에 대해 생각해보아야 한다. 이 사랑채는 극히 일부이기 때문에 이것만 가지고 그의 집터를 이야기하면 안 된다. 이에 대해서는 마침 옛날 지도가 있어 추정해볼 수 있는데 이완용의 집터는 평수만 따져도 3,700평에 달한다고 하니 엄청나게 넓은 것을 알 수 있다. 이것을 지도에서 보면 그의 집터는 통인시장을 중심으로 남북을 다 포함하고 있다. 남쪽에 있는 자하문로9길부터 시작해서 북쪽으로 지금 아름다운 재단 건물[12]이 있는 데까지가 모두 이 집의 대지에 포함된다고 하니 그의 집터가 얼마나 넓은지 알 수 있다. 이 대지 안에는 이완용의 첩의 집까지 있었다고 하는데 그 위치는 지금 이 자리에 있는 사랑채 바로 앞인 것 같다. 나라를 팔아먹고 그 대가로 이완용은 이렇게 큰 집에서 살았던 것이다. 터가 이렇게 크면 대문에서 사

12) 이 터에는 원래 김재규의 집이 있었다고 한다.

담 넘어로 보이는 이완용 저택 사랑채 (추정)

랑채까지 걸어가는 것조차 힘들지 않았을까 하는 궁금증
도 든다. 이 지역이 원래는 조선의 왕족들이 살던 곳이었
는데 나라가 망하니 역적들이 사는 곳으로 바뀌었다.

　이완용이 이곳으로 온 이유는 신변에 위협을 느꼈기 때
문이다. 그는 원래 서울역 부근의 중림동에 살았는데 집에
누군가가 불을 지르고 집 안에 있는 신주도 태웠다고 한
다. 이것은 아마 어떤 애국지사가 한 일일 게다. 그래서 그
는 신변의 안전을 도모하고자 집을 일본인들의 거주지인
중구 저동으로 옮겼다. 그러다 1909년에는 명동성당에서
벨기에 영사가 주최한 행사에 참가했다가 이재명 의사의
칼을 맞고 허벅지를 비롯해 크게 다친다. 이렇듯 그의 목

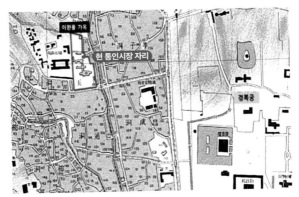

이완용 집터 (빨간 선이 테두리다)

이완용 저택 사랑채(추정)

숨을 노리는 사람들이 많아지자 그는 1913년 옥인동에 이 집을 짓고 들어온다.

이 지역은 앞에는 순화병원이, 뒤에는 개천이 있어 지리적으로 완전히 격리되어 있었기 때문에 일반인들은 접근 자체가 불가능했다고 한다.[13] 그는 여기서 자신만의 아방궁을 만들고 침잠하려고 했던 것이리라. 또 경호도 상당히 엄중했다고 하는데 그런 들 무엇하겠는가? 집안에서 돌아가는 일이 흉흉했으니 말이다. 그는 큰며느리와 사통한다는 소문에 시달렸고 그가 죽는 1926년에는 같이 살던 조카가 그를 살해하려 했다는 설도 있었으니 그의 신변이 결코 안전하지 않았다는 것을 알 수 있다. 그러나 어떻든 그는 대궐 같은 집에서 호의호식하면서 천수를 누리고 갔다. 매국노의 말로치고는 너무 좋은 것이다. 그런데 이 이완용의 집 위에는 또 한 사람의 매국노가 살던 벽수산장이 있었다. 이제 그 집을 찾아 떠나보자.

동네 이발소, 형제 이발관 터 앞에서 다시 자하문로17길로 나와 필운대로로 가다 보면 지금은 없어졌지만 유명한 이발소인 형제이발관 자리가 나온다. 지금 그곳에는 '세종이

---

13) 최종현 외, 앞의 책, p. 232.

야기 미술관'이 들어서 있다. 이 집은 일명 '효자동 이발소'라 불렸다고 하는데 그 때문에 2004년에 개봉된 영화 '효자동 이발사(송강호 주연)'와 관계가 있는 것처럼 생각할 수 있는데 그렇지는 않다. 그러나 그 영화 덕에 이 이발관이 유명해진 건 사실이다. 이 이발관이 주목을 받는 것은 그 역사 때문일 것이다. 언제 개업했는지는 확실히 모르지만 대체로 1940년경쯤에 영업을 시작했다고 한다. 그리고 문을 닫은 것이 2017년 3월이니 근 80년 동안 영업한 것이 된다. 문을 닫은 다음에는 갤러리처럼 내부의 모든 도구를 전시하는 공간으로 바꾸었다. 그때 가서 보니 이발하는 의자 등이 모두 보존되어 있었다. 그러다 지금은 이발소와 관계없는 공간으로 바뀌었다. 나는 이 이발소가 영업할 때에도 가 보았고 갤러리처럼 만들었을 때에도 가 보았다.

이 가게는 사진에서 보는 것처럼 마지막에 문 닫을 때까지 허름하기 짝이 없었다. 이 이발소는 이 동네에서 주민들의 '동네 사랑방' 역할을 했다고 한다. 당시 이발사는 김재호라는 분이었는데 그와 얽힌 이야기가 많다. 신문 기사를 보면[14] 이 이발소는 청와대와 가까워 그 직원들이 많이 왔던 모양이다. 그래서 그랬는지 김대중, 노무현 대통령

14) 동아일보, 2004년 5월 20일 자

형제 이발관의 원래 모습

때에는 대통령 전속 이발사로 들어오라는 제의도 받았단
다. 그러나 단골들 생각에 깨끗이 거절했다고 한다. 그런
가 하면 '효자동 이발사' 영화 찍을 때에는 관계자들이 와
서 주연인 송강호 씨에게 이발하고 면도하는 것을 가르쳐
달라는 부탁을 받았는데 너무 바쁜 나머지 그것도 거절했
다고 한다. 이 기사에서 재미있는 것은 이 김 씨가 머리를
깎아준 사람 가운데 가장 높은 사람이 그때 갓 국회의원이
된 문희상이었다는 것이었다. 이랬던 문 씨가 지금(2019년)
은 국회의장이 되어 있으니 세월이 많이 지난 것인가?
  이런 이발관에 올 때 마다 생각나는 것은 내가 어릴 때
(1960대 초) 이발하던 추억이다. 이 형제 이발관의 내부가

세종이야기 미술관으로 바뀐 형제 이발관

궁금하면 국립민속박물관 앞뜰에 복원되어 있는 화개이발
관을 보면 된다. 이 이발관은 정독도서관 앞에 있던 것을
그대로 가져온 것인데 내가 보기에 이 시설은 1970년대
후반이나 1980년대 초반의 것인 것 같다. 왜냐하면 내가
어릴 때인 1960년대의 이발소는 이것보다 시설이 더 낙
후되어 있었기 때문이다. 그때 이발 의자는 나무로만 만들
었던 것 같다. 그리고 우리들은 어린 아이들이었기 때문에
의자 팔걸이에 나무판자를 놓고 그 위에 앉아 머리를 잘랐
다. 키가 작아 그렇게 할 수밖에 없었던 것이다. 그런데 그
때 이발을 할 때 왜 그렇게 졸았는지 지금 생각해도 아득
한 느낌이다. 안 자겠다고 독하게 마음을 먹고 이발에 임

하지만 10분도 안 되어 머리를 끄덕거리며 졸기 시작했다. 그러면 이발사 아저씨한테 혼나는 때도 있고, 때로는 머리를 쥐어 박히는 등 수난이 있었다(지금도 그때 이발사 아저씨 얼굴이 생각난다). 이 수난을 피하려고 무진 애를 쓰지만 이발소 안의 분위기가 편안하고 조용해서 잠을 극복하는 일을 성공한 적이 없다.

그런데 지금도 정확하게 기억나는 게 있다. 당시 이발료다. 150원이었는데 이 사실이 왜 잊히지 않는지는 잘 모르겠다. 어린이 요금이 이렇다면 당시 어른들의 이발료는 200원 내지 250원쯤 했을 것이다. 이런 기억을 갖고 있는 사람이 있다면 그는 나와 비슷한 나이(60대 중반)에 처했을 게다. 이렇게 이발에 대해서 내가 장황하게 말하면 제자들은 그다지 재미없어 하는 눈치다. 그때서야 나는 그들과 성(性)이 다르다는 것을 깨닫고 황급히 이발 담론을 주어 담는다. 그들은 미장원에나 관심 있지 남자들 공간인 이발소에는 아무 관심도 없다는 것을 뒤늦게 깨달은 것이다.

이제는 아예 없어진 이발소 터 앞에서 너무 장황하게 이야기했다. 이발 이야기가 나와서 말인데 나는 지금도 80년대 스타일의 동네 이발소에서 머리를 자르고 있다. 이 이발소는 30년 이상 되었는데 70대의 노인이 혼자 머리를 자르고 있다. 이 양반은 면도나 머리 감는 것을 다 혼자 한다. 면도할 때 쓰는 종이는 아직도 신문지를 잘라 쓰고 있다. 그 흔한 티슈도 쓰지 않는다. 지금 서울 시내에 이런 곳이 더 있을까 하는 생각이 들 정도다. 그런데도 이곳에 가는 이유는 이 이발사가 머리를 잘 자르기 때문이고 값도 8천원이라는 초특가라 그렇다. 가성비가 매우 좋은 집이라 가는 것이다. 그래서 나는 이 양반이 행여 힘들다고 이 일을 그만둘까 걱정이다. 나이가 고령이니 언제 그만 둘지 모르기 때문이다. 남자들에게 좋은 이발관 찾는 일이 쉽지 않은 일이라 걱정이 되는 것이다. 이발에 관해서 더 이야기하지 않겠다고 해 놓고 또 말을 늘어놓았다. 이발이 사소한 문제 같지만 나름 중요한 일이라 그리 된 것 같다.

비구니들이 살았다는 자수궁 터에서 - 정선을 생각하며   우리는 이제 서촌의 무법자이었던 벽수산장의 흔적을 찾아 떠나기로 하는데 도중에 또 볼 게 있다. 이발소 터를 떠나 필운대로에서 오른쪽으로 꺾으면 군인 아파트가 나오는데 이곳은 자수궁이 있던 터이고 또 정선의 집이 있던 자리다.

이 터 역시 긴 역사를 가지고 있는데 다소 복잡하기 때문에 줄여서 설명해볼까 한다. 조선 초에는 이성계의 7번째 아들인 무안대군 이방번이 이 터에서 살고 살았다. 그런데 이방번은 이복형인 이방원에게 살해되어 이 집은 그

자수궁 터에 들어선 군인아파트

자수궁 터 표지석

만 주인이 사라졌다. 그러자 문종은 이 집을 개수해 자수궁(慈壽宮)이라 명명하고 후궁들이 이 집에서 살 수 있게 조치를 해준다. 후궁들은 왕의 여자인지라 왕이 죽으면 재혼을 하거나 친정으로 돌아갈 수 없기 때문에 그들에게 살 곳을 마련해준 것이다. 그러다 광해군 때 와서 대규모로 중창했지만 그것도 잠깐이고 다음 왕인 인조가 이 궁을 헐고 대신 자수원이라는 이름의 비구니 절을 만든다. 인조가 여기에 절을 만든 이유는 후궁 중에 머리를 깎고 비구니가 되는 경우가 있었기 때문이다. 그렇게 되니 자연스럽게 비구니들이 모여들어 어엿한 절이 되었던 모양이다.

그런데 이해가 안 되는 것은 시중에 나와 있는 이 자수원에 대한 설명이다. 이 설명에 따르면 이곳에 한때 5,000여 명의 여승이 살았다고 하는데 이것은 어불성설이다. 상식적으로 생각해봐도 당시에 여승의 숫자가 이렇게 많을 수 없다. 독자들의 이해를 위해 지금의 상황을 보자. 한국 불교를 대표하는 종단인 조계종에만 한정해서 말하면 현재 조계종에 소속된 비구니의 숫자는 6,000여명에 달한다. 이것을 자수궁 시절과 비교해보자. 당시, 그러니까 17세기 중반 한반도 전체 인구는 약 1,100만 명에 달했는데 이것은 지금의 인구의 1/5을 조금 상회한다. 인구가 이렇게 차이가 나는데 어떻게 비구니의 숫자는 지금과 큰 차이가 없을까? 더 이해가 안 되는 것은 어떻게 자수원에만 이렇게 많은 비구니가 있었느냐는 것이다. 조계종의 비구니 숫자는 전국에 있는 여승들의 숫자인데도 6,000명에 그쳤는데 어떻게 조선 중기에 자수원이라는 하나의 절에 이렇게 많은 비구니가 있을 수 있을까?

그런데 주지하다시피 조선은 불교를 억압한 왕조로 이름이 높다. 그런 국가에서 어떻게 자수궁처럼 큰 절을 도성 안에 만들 수 있었겠는가. 게다가 이 절은 경복궁의 지척에 있다. 그렇다면 궁 주변으로 비구니들이 나다녔을 텐데 과연 그것을 유자(儒者)들이 보고만 있었을까? 아니, 당시는 원칙적으로 승려들의 도성 출입이 금지되었기 때문에 승려들이 도성 안을 돌아다닌다는 것은 생각할 수 없는 일이다. 이런 여러 정황으로 볼 때 이 절에 비구니들이 이렇게 많았다는 것은 있을 수 없는 일이다.

그리고 5,000명이라는 숫자에 대해서도 생각해 보아야 한다. 이 정도의 인원이 기거하려면 집이 엄청나게 커야 하고 많은 시설이 필요할 터인데 자수궁이라는 별궁 같은 것으로 그 인원을 감당할 수 있었을까? 개인적으로 이것은 불가능하다고 생각한다. 따라서 이 5천이라는 숫자는 너무 부풀린 숫자가 아닌가 한다.

비구니의 숫자가 어찌 됐든 이 자수원은 인조의 손자인

현종 대(1661년)에 폐지되어 역사의 뒤안길로 사라진다. 그런 까닭에 현재 자수원은 정확한 위치를 잘 모른다. 다만 궁의 이름을 따서 만든 '자수궁교'라는 다리만이 옛지도와 1927년에 찍은 사진에 남아 있을 뿐이다. 그런가 하면 자수궁교를 따서 이름을 지은 '자교 교회'라는 교회가 남아 있어 재미있다. 이 교회는 미국의 남감리교 교단이 1900년에 세운 것으로 그 역사가 매우 오래되었다. 지금은 창성동에 있는데 원래 자리에서 이곳으로 온 것은 1920년 초의 일이라고 한다.

이 군인아파트 자리는 유명한 인물이 살던 터이기도 하다. 조선화의 대가였던 겸재 정선이 살았던 인곡 정사(같은 제목의 그림은 보물 585호)가 있던 터로 유력시되는 곳이 바로 이곳이다. 그러나 이곳은 정선이 태어난 곳은 아니다. 그가 태어난 곳은 경복고등학교 안에 있다고 하는데 아직 가보지는 못했다. '인곡'은 인왕산 계곡을 줄인 말이다. 정선에 대해서는 설명이 필요 없을 것이다. 단원 김홍도와 더불어 조선을 대표하는 화가이고 조선 풍의 진경산수화를 개척한 사람이다. 대표적인 그림은 당연히 '인왕제색도(국보 216호)'다. 지우였던 이병연의 쾌유를 빌며 비가 수일 동안 억수로 온 다음의 인왕산을 그린 그림이다. 일설에는 이 그림의 우측 하단에 있는 집이 정선의 집이라고 한다.

인곡정사 그림

정선은 이 집에서 52세부터 생을 마치는 84세까지 살았으니 30년을 넘게 산 것이 된다. 그것을 기념하고자 종로구청에서는 이 앞길을 겸재 길로 명명했다. 그런데 정선의 흔적이 아무것도 없어 이 이름이 무색하다. 이 터에는 대신 1982년에 들어선 군인아파트만 있다. 지금 여기에는 청와대 경호 인력과 그 가족들이 살고 있다고 한다. 아파트 안을 돌아보니 초기의 아파트 모습이 보여 나름대로 흥미로웠다. 건물은 5층이라 높지 않고 건물 사이에 공간이 충분하고 주차장도 널찍한 그런 모습 말이다. 특히 건물 앞의 공간이 넓어 시원하고 여유로운 느낌이다. 과거에 주공아파트가 이런 모습이었다. 그래서 거기서 살 때에는 주택에 사는 것 같은 느낌을 받을 수 있다. 이 5층 건축이라는 것은 인간이 단번에 그 층수를 알 수 있는 휴먼스케일이기 때문에 이런 집에 살 때에는 인간다움을 느낄 수 있다. 그리고 마당이 넓어서 아이들이 개인 주택의 앞마당처럼 놀 수 있겠구나 하는 생각이 스쳤다.

송석원 주변에서　이곳을 다니다 보면 송석원(松石園) 터라고 새긴 안내판을 만날 수 있다. 이 근처가 송석원 터인데 송석원은 우리가 생각하는 것보다 훨씬 넓어 옥인동 47번지가 다 그에 해당된다. 이 땅은 나중에 대부분 벽수산장을 지은 윤덕영의 손에 들어가게 된다. 옛사람들은 소나무와 돌을 좋아해 이 둘을 합해 송석(松石)이라고 했다. 성북동에 소재한 성락원에 있는 정자 이름도 송석정이다. 이 인왕산 밑자락도 송석 정원이라고 부르기에 안성맞춤이다. 인왕산이라는 거대한 바위가 병풍처럼 펼쳐 있고 정선의 청풍계 같은 그림에 보이는 것처럼 이 부근에는 소나무가 가득했다. 그런가 하면 앞에는 옥류천이 흘렀다. 그러니 이런 곳이야말로 선비들이 풍류를 제대로 즐길 수 있는 곳이 아닐 수 없다. 그래서 이곳에서는 17세기부터 시사(詩社)라 불리는 문학 모임이 생겨났는데 그 숫자가 15개를 상회했다. 요즘 말로 하면 문학 클럽 혹은 문학 동아리 같은 것인데 한 지역에 이렇게 많은 문학 관련 모임이 있다는 것은 상당히 특이한 일이다.

이 모임 중에는 중인이 중심이 된 시사가 많았는데 대표적인 것은 말할 것도 없이 천수경(千壽慶)이 만든 '송석원 시사'다. 이 같은 중인들의 문학을 위항문학(委巷文學)이라고 하는데 위항이란 잘 알려진 것처럼 꼬불꼬불한 길을 말한다. 당시 서촌은 사대부들이 사는 북촌에 비해 집이 크지 않고 꼬불꼬불한 골목길이 많았던 모양이다. 지금의 골목길을 보면 당시 사정을 알 수 있을 것 같다. 서촌에는 지금도 꼬불꼬불한 골목들이 많은데 당시는 이런 골목이 더

이인문의 송석원 시회도

김홍도의 송석원시사 야연도

많았을 것이다. 사정이 이렇다는 것은 서촌에 사는 사람들이 그다지 부유하지 못했다는 것을 의미한다. 이곳에 살았던 고교 후배 정진택 군의 말에 따르면 1960년대까지만 해도 서촌에는 초가집이 꽤 있었다고 한다. 특히 박노수 가옥 앞쪽으로는 대부분이 초가집이었다고 하는데 지금은 빌라라 불리는 다세대 주택이 숲을 이루고 있다.

이 송석원시사를 말할 때 빠트릴 수 없는 것은 이인문과 김홍도가 이 시사를 그림으로 남겨 놓은 것이다. 이인문이 그린 것은 '송석원 시회도'라 하고 김홍도가 그린 것은 '송석원시사 야연도'라고 한다. 이인문이 그린 것은 낮에 있었던 시회이고 김홍도가 그린 것은 제목에 있는 대로 밤에 모여 즐기는 야연이다. 아무래도 낮에 시만 짓고 헤어지는 게 아쉬워 밤에 다시 모여 술 마시는 잔치를 벌이는 것이리라. 이 두 모임이 바로 이 근처에서 이루어졌는데 과연 그 자리가 구체적으로 어디일지 궁금했다. 이런 것을 알려면 전문가의 의견이 필요하다. 그래서 여러 자료들을 찾아보니 역시 앞에서 인용한 최종현 교수의 책이 가장 믿음이 갔다.

최 교수에 따르면 이인문이 그린 시회의 자리는 박노수 가옥 근처라고 한다. 그렇게 추정할 수 있는 근거는 우선 산들의 위치다. 인왕산이나 삼각산, 백악산을 이런 구도

송석원 터 표지석

로 볼 수 있는 곳은 박노수 가옥 자리나, 송석원으로 들어
가는 초엽이라고 한다. 그 다음 증거는 그림에 있는 송석
원이라는 글씨다. 추사가 썼다고 전해지는 이 바위 글씨는
『서울 육백년』이라는 책을 쓴 김영상 선생이 1950년대에
촬영한 것이 남아 있었다. 그런데 바위 위에 새겨 있는 이
글씨가 어디 있는지는 아무도 모르고 있었다.

　그런데 2000년에 들어와 아주 희귀한 사진이 발견됐다.
사진에서 보이는 것처럼 윤덕영이 앉아 있고 그 위에 송석
원과 벽수산장이라는 바위 글씨가 선명하게 새겨져 있다.
이 가운데 벽수산장이라는 글씨는 윤덕영이 산장을 짓고
송석원이라는 글씨 옆에 새긴 것이다. 이 사진을 찍은 연

김영상이 촬영한 송석원 글씨

최근에 발견된 송석원과 벽수산장 글씨(앉아 있는 이는 윤덕영) (서울역사
박물관 제공)

도는 정확히 알 수 없으나 1910년대 혹은 1930년대로 추정된다고 한다. 이 바위 글씨의 소재에 대해 최 교수는 박노수 가옥 뒤편에 있는 계단식 바위벽 위였을 것이라고 추정하는데 지금은 토사에 덮여 있어 그것을 확인할 수 없다. 그렇게 파묻혀 있어 지금까지 이 글씨들을 발견하지 못한 것이다. 이 집은 나중에 말할 기회가 있겠지만 윤덕영이 딸을 위해 지어준 집이다. 그리고 벽수산장과 가까운 거리에 있어 집 뒤쪽으로 산장으로 갈 수 있는 길이 있었다고 한다. 어떻든 이런 사진을 보면 당시에 이곳이 매우 아름다운 곳이었다는 것을 알 수 있다. 그런데 지금은 온통 '빌라'로 가득 차 있어 그런 자연의 아름다움은 어디서고 찾을 수 없다.

그 다음은 김홍도가 그린 장소의 소재인데 그림을 보면 이곳이 꽤 높은 곳임을 알 수 있다. 최 교수에 따르면 이곳은 서울교회 위쪽에 있는 너럭바위로 추정된다고 한다. 그 이유 중의 하나는 지금도 이곳에 서면 경복궁과 서촌이 다 내려보이기 때문이란다. 조망권이 좋은 것이다. 김홍도의 그림에 나온 지점 역시 이런 조망권을 갖고 있다는 것이 최 교수의 견해다. 그런데 이 너럭바위가 2019년 언론에 조망을 받았다. 여기서 바위에 새겨진 '옥류동(玉流洞)'이라는 글자가 발견됐기 때문이다. 송시열이 썼다고 추정

최근 발견된 옥류동 글씨

되는 이 글씨는 60여 년 만에 발견되었다고 하는데 그동
안 주택이 들어서면서 가려지는 바람에 아무도 이 글자의
존재를 알지 못했다. 나는 이 바위와 글자를 찾으러 그 근
처까지 가보았는데 시간이 늦어 날이 저무는 바람에 안타
깝게도 찾지 못했다. 아마 동네 주민의 안내를 받지 않으
면 찾지 못할 것 같다. 그런데 조망이 좋은 것으로 하면 서
울교회도 결코 뒤지지 않는다. 이에 대해서는 앞에서 이미
언급했다. 그런데 너럭바위는 서울 교회보다 더 위에 있다
고 하니까 아마 조망이 더 좋을 것이다.

　앞에서도 말했지만 서촌에 오면 시간을 따로 잡아서 이
서울교회 쪽으로 가보는 것이 좋다. 서촌에서 아래 세상을 다 볼 수 있는 데가 흔하지 않아 이곳에 오는 것을 추천하는데 이쪽은 서촌의 중심부와 조금 떨어져 있어 따로 와야한다. 이 교회로 오는 길을 간단하게 설명하면, 아까 군인아파트에서 겸재길을 따라 북쪽으로 가다 보면 청운경로당이 나오는데 그 앞에 그 유명한 60계단이 있다. 이 계단으로 올라가면 교회를 만날 수 있다. 이 계단에 대해서는 앞에서 짤막하게 언급했다. 초기에 서촌을 답사 갔을 때 우리 일행은 이 계단을 찾지 못해 헤맨 적이 있다. 이 계단은 주민들에게는 친숙하겠지만 객이 가서 찾는 일이 쉽지 않았다. 그렇게 헤매고 있을 때 마침 주민이 지나가고 있어 황급히 달려가 물어보니 계단은 우리 바로 앞에 있었다. 우리가 찾는 것이 바로 우리 앞에 있던 것을 몰랐던 것이다. 답사를 다니다 보면 이런 일이 종종 있다.

이 계단이 60계단이라는 이름으로 불리지만 실제로 세보니 계단의 숫자가 그보다 훨씬 많아 80개를 상회했다. 개수를 하면서 늘어난 것이리라. 지금 모습은 개수를 하면서 고친 것이라 옛모습은 아니다. 계단이 많아 밑에서 올려다 보면 꽤 장엄하게 보인다. 이 계단을 따라 올라가면 서울교회 안내판이 있으니 그것을 따라 가면 된다. 이 길은 결코 쉽지 않다. 계단을 올라가야 하고 그 뒤에도 비탈길이 있기 때문이다. 그러나 서울교회 마당에 서면 그때까

신교동 60계단

서울 교회

지 고생한 것은 다 잊혀진다. 경광이 아주 좋기 때문이다. 경복궁과 서촌이 내려다보이는 것도 좋고 왼쪽으로 백악산이 수려하게 서있는 것도 보기 좋다. 서촌을 가까이에서 보되 전체적으로 볼 수 있으니 꼭 한 번 방문하기를 권한다.

　　다시 김홍도의 그림으로 돌아가면, 이 그림은 김홍도가 시회가 열리는 자리를 직접 보고 그린 것은 아니다. 천수경 등의 부탁을 받고 나중에 그려 준 것이다. 물론 사례도 받았다. 이인문의 그림도 마찬가지다. 이 그림 값이 상당했을 것이라고 하는데 이처럼 당시에 최고로 잘 나가는 궁궐의 두 화원에게 그림을 부탁할 수 있었던 것은 중인들의 경제 사정이 좋아서 가능했을 것이다. 그리고 이 시사 모임이 한양에서 꽤나 유명해 김홍도나 이인문이 기꺼이 그려주었을 것으로 추정할 수도 있다.

이 그림은 앞에서 말한 것처럼 김홍도가 실제로 보고 그린 것이 아니라고 했다. 왜냐하면 이 그림의 구도가 실제적이지 않기 때문이다. 보다시피 이 그림은 위에서 본 것처럼 그린 것이다. 그런데 사람들이 모여 있는 곳이 높은 곳이기 때문에 이런 구도는 어디서도 잡을 수 없다. 공중에 떠서 보지 않으면 이런 구도는 나오지 않는다. 요즘 같으면 드론으로 이런 구도를 만들어낼 수 있지만 당시로서는 불가능한 일이다.

그러나 동양화의 화법을 보면 이런 구도가 불가능한 것은 아니다. 동양화의 화법에는 삼원법이라는 것이 있는데 그 중의 하나가 위에서 아래를 내려다보며 그리는 법이다. 이것은 직접적으로 그렇게 할 수 없으니 상상으로 그리는 것이다. 이렇게 하면 김홍도의 그림과 같은 구도가 나올수 있다. 이 그림에는 9인이 등장하는데 낮에 모였던 사람들이 다시 모인 것일 것이다. 이 중에 가운데에 있는 사람이 이 모임의 호스트인 천수경일 것이다. 이 그림에서 재미있는 점은 마지막 사람이 지금 막 도착하는 모습을 그리고 있다는 것이다. 걸어 들어오는 사람이 마지막 사람인데 이처럼 이 그림은 생동감 있는 현장을 잘 포착하고 있다.

아, 아, 벽수산장이여!!

이제 우리는 지금은 없어진 서촌의 하이라이트(?)인 윤덕영의 벽수산장 탐험을 시작한다. 나는 서촌 답사를 시작하기 전에는 이 집의 존재에 대해서 전혀 모르고 있었다. 그러다 대학원 수업에서 서촌을 다루던 중 그제야 이런 집이 있었다는 것을 알게 되었다. 처음에 이런 집이 있다는 것을 발견하고 얼마나 놀랐는지 모른다. 유럽에서나 볼 수 있는 집이 이렇게 지척에 있었다니 놀라지 않을 수 없었던 것이다. 내가 초등학교 5학년 때(1966년)까지도 이 집이 인왕산 기슭에 있었는데 이 집의 존재를 전혀 알지 못했다. 정확히 말하면 이 집은 1973년에 사라진다. 이 집은 1966년에 큰 화재를 입어 재기 불능 상태가 되는데 그때 바로 허물어버리지 않고 7년 뒤인 1973년에 가서야 없애버린다. 이 집의 역사에 대해서는 뒤에서 자세하게 다룰 것이다. 이 집의 규모를 보면, 지상 3층, 지하 1층이고 총 건평이 약 800평이라고 하니 1910년대를 기준으로 하면 개인의 건물로는 아마 한반도에서 제일 큰 것이었을 것이다.

이 집은 한 마디로 이단이다. 이단도 이런 이단이 있을 수 없다. 이때의 사진을 보면 인왕산 중턱에 이 집만 하나 우뚝 서 있고 그 밑은 웬 양옥 하나 빼고 모두 초가집이다.

1925년 경성 전경 (서울역사박물관 제공)

벽수산장

밑 부분은 조선의 평범한 가옥인 초가로 뒤덮여 있는데 위에는 느닷없이 유럽풍의 거대한 저택이 들어서 있는 것이다. 초가만 있는 마을에 생뚱맞은 유럽풍 저택이 버티고 있으니 양자가 어울리지 않아도 이렇게 어울리지 않을 수가 없다. 이 건물의 밑에 규모가 있는 기와집들이 있었다면 그래도 모양새가 났을 터인데 이 부분이 초가 일색이라 어울리지 않는다는 것이다. 양자가 지닌 건축 양식도 다르고 서로 간의 부의 격차도 심하니 부조화도 이런 부조화가 없다.

게다가 이 집은 조선의 건축 이념을 완전히 무시하고 지었다. 조선 사람들은 아무리 큰 집을 지어도 그 집을 찾는 사람이 동네 어귀에 올 때까지도 보이지 않게 지었다. 그리고 동네 전체나 주변의 자연과 조화를 생각하면서 건물을 짓지 이 집처럼 홀로 튀어 나오게 짓지 않았다. 이 집은 또 당시로서는 할 수 없는 짓을 감행하고 만다. 조선에서는 임금이 사는 궁궐이 내려다보이는 곳에 집을 지을 수 없었다. 이것은 당연한 것이다. 임금이 지존인데 그를 굽어 볼 수 있는 곳에 집을 짓는다는 것은 어불성설 아니겠는가? 그런데 윤덕영은 그것도 무시해버렸다. 그의 안중에는 궁도 없었나보다. 물론 당시에는 조선이라는 나라가 없어져 경복궁에는 왕이 살고 있지 않았다. 그렇다고 해도 왕이 살았던 궁궐 위에다 집을 짓는 것은 도리에 어긋나는 일인데 그는 이 일을 감행했다. 그래서 나는 이 집을 생각할 때마다 도대체 윤덕영의 속셈은 무엇이었을까, 왜 저런 서양풍의 저택을 지을 생각을 했을까, 저런 큰 집을 짓고 무엇을 하려고 했을까 하는 등등의 의문이 끊이지 않았다. 그런데 이 벽수산장을 본격적으로 보기 전에 해야 할 일이 있다. 벽수산장은 사라졌지만 이 근처에 그 흔적들이 남아 있어 그것부터 보아야 하겠다.

얼마 남지 않은 벽수산장의 흔적을 찾아   지금껏 보았던 군인아파트에서 조금만 올라가면 곧 벽수산장의 잔해를 발견할 수 있다. 이 장소는 도저히 글로는 설명이 안 되니 안내를 받는 게 낫겠다. 길을 건너서 골목으로 들어가면 벽수산장의 정문 기둥을 만나게 된다. 나는 이 기둥을 최종현 교수의 책에서 처음으로 접했는데 그때 이런 게 남아 있다는 것이 놀라웠다. 지금은 이 사실이 많이 알려져 답사객들이 이곳을 많이 찾지만 내가 이곳을 다닐 때에는 이 산장의 흔적에 대해서 제대로 알려지지 않았다. 이것이 산장의 정문 기둥이라는 것은 여기에 있는 것처럼 동아일보에 게재된 사진(1924년 7월 21일 자)을 보면 알 수 있는데 나이로 따지면 이 기둥은 약 100년가량이 된다.

벽수산장 정문 돌 기둥

　이 사진을 보면 기둥이 4개인데 그나마 원래 모습과 비슷하게 남아 있는 것은 왼쪽 기둥 하나뿐이고 다른 것들은 그렇지 않다. 오른쪽 기둥은 몸체가 아예 없어져서 난장이가 되었다. 또 다른 기둥이 남아 있는데 그것은 오른쪽에 있는 집의 담벼락의 일부가 되어 잘 보이지 않는다. 그런가 하면 왼쪽에는 아치문의 잔해가 반쯤 남아 있는 것을 알 수 있는데 이것도 이 집의 잔해물이다. 특히 밑에 있는 주춧돌을 보면 그 사정을 알 수 있다. 주춧돌이 매우 오래된 것이기 때문이다. 이 문으로 난 길은 아마 사람이 걸어다니는 길이었을 것이다. 정문에서 산장의 본채까지는 아마도 걸어갈 거리는 아니었을 것이고 차로 이 문을 들어가

벽수산장 정문의 아치 부분

벽수산장 정문 (동아일보 1924년 7월 21일자)

서 빙 돌아 그곳까지 갔을 게다. 벽수산장의 추정 도면[15]
을 보면 이 길이 꽤 긴 것을 알 수 있는데 이 길에는 벚나
무가 심어져 있었단다. 그러나 이 광경을 찍은 사진이 없
으니 그 자세한 사정은 알 수 없다.

　이 앞에는 산장의 흔적이 또 있다. 이 앞에 있는 세종 아
파트의 주차장 안에 있는 오홍교(五虹橋)의 난간이 그것이
다. 산장의 정문을 들어서면 오홍교라 불리는 다리가 있
었다고 하는데 그 다리의 난간 중 2개가 이곳에 남아 있는
것이다. 벽수산장의 도면을 보면 정문을 지나 왼쪽으로 꺾

15) 윤평섭(1984), "송석원에 대한 연구", 『한국정원학회지』 제3권, 제1호.

오홍교 난간 일부

으면 시내가 나오는데 여기에 놓인 다리가 오홍교 아닌가 한다. 그런데 여기 남아 있는 난간은 밖에서는 보이지 않고 주차장 안으로 들어가야만 볼 수 있다. 일개 난간에 불과한데도 꽤 정교하게 장식해 놓은 것을 알 수 있다. 이렇게 이 주변에는 벽수산장에서 나온, 돌로 만든 부재들이 산재되어 있다. 후대에 이 동네에 사는 사람들이 집을 지을 때 이 돌을 가져다 주춧돌 같은 것으로 사용해 아직도 이 돌들이 남아 있는 것이다. 윤덕영이 죽고 이 터가 불하될 때 이 돌들이 마구 흩어졌던 모양이다. 그런데 나는 눈을 씻고 찾아 다녀도 이 돌들을 찾을 수 없었다.

그러다 2020년 1월에 간 답사에서 뜻밖의 횡재를 했다.

벽수산장 잔해

서울 교회를 답사하고 내려와 겸재길을 걷다가 우연히 한 골목으로 들어갔다. 골목 안을 보니 웬 집의 담이 개방되어 있어 앞마당을 볼 수 있었다. 그랬더니 그곳에서 지금 사진에서 보는 것과 같은 벽수산장의 잔해들이 목격되었다. 이것들은 내가 한 번도 보지 못했던 것이었다. 인터넷에 돌아다니는 사진 가운데에서도 이런 돌들은 보지 못했다. 그것을 보고 얼마나 신기해했는지 모른다. 이 잔해들은 내가 처음으로 공개하는 것이다. 그 생김새들을 보면, 정문에 있는 기둥을 작게 만들어 놓은 것도 있었고 도대체 무슨 용도로 쓰였는지 모르는 돌도 있었다. 이 집의 뒷마당으로 가니 또 잔해가 있었다. 난간으로 썼음직한 돌이

벽수산장 잔해

벽수산장 잔해

보였다. 또 집의 벽을 보니 에어컨을 놓는 받침대로도 벽
수산장에서 나온 돌을 사용하고 있었다. 이 돌들은 다들
오밀조밀하게 잘도 만들었다. 도대체 이 집에는 얼마나 많
은 돌이 쓰였을까? 이 돌들은 본채가 아니라 정원 가꾸는
데에 쓰였던 것 같은데 그 쓰인 장소나 용도는 대부분 잘
모른다. 그러나 참으로 신나는 발견이었다. 이 지역은 이
렇게 갈 때마다 새로운 것을 발견할 수 있어 참 좋다.

　　윤덕영의 측실 집으로　사실 우리가 가는 길의 향방은 이
쪽이 아니었다. 필운대로9가길로 들어가면 왼쪽으로 곧
수송동 계곡으로 가는 길을 만나는데 그 길은 조금 뒤에
가기로 하고 우리는 조금만 더 올라가자. 그러면 왼쪽으로
서용택 가옥으로 알려진 대단한 한옥이 있다. 이 집은 오
르는 계단을 비롯해 여러 모습이 심상치 않은 것을 알 수
있다. 매우 낡았지만 세부 장식들이 범상한 한옥이 아니라
는 것을 보여준다.
　　이전에는 이 집이 순종의 비인 윤황후 집으로 잘못 알
려져 서울시 문화재로 지정되었는데(1977년) 나중에 그것
이 사실이 아니라는 것이 밝혀져 지정이 해제되었다(1997
년). 그동안 이 집에는 주인 없이 여러 가구가 모여 살았는
데 집이 너무 낡아 붕괴 위험이 있다는 민원이 많았다. 문

화재 등록이 해제된 데에는 이런 이유도 있었다. 붕괴 위험이 있었는데도 여러 가구들이 살고 있어 개수할 수 없었다고 한다.

우리의 답사는 원래 이 집을 보고 오던 길로 다시 가서 수송동 계곡으로 가는 것이었다, 그런데 이 집 뒤로 계속 이어지는 골목이 있어 궁금한 김에 계속 가게 되었다. 그랬더니 골목길이 꼬불꼬불하게 계속 이어졌고 결국 서울 교회까지 가게 된 것이다. 2020년 현재 이 지역은 달동네처럼 되어 있었고 사람이 살지 않는 집도 많았다. 이 동네가 이렇게 된 것은 6.25 이후 이 효자동 47번지 즉 송석원 일대에 피난민들이 몰려와 살았기 때문이라고 한다. 살기에 바빴던 피난민들이 형편 되는 대로 집을 짓다 보니 이렇게 무질서한 동네가 형성된 것이리라.

이제 우리는 이 집에 대해 보기로 하는데 안은 들어갈 수 없으니 밖의 모습만 가지고 말해야 한다. 이 집은 19세기 말 혹은 20세기 초에 지어진 것으로 알려져 있다. 이 집은 외부만 보아도 범상치 않은데 우선 집의 전면이 매우 아름답게 설계되어 있다. 건축 전문가들 중에는 만일 이 집이 원래의 모습을 유지했더라면 서울에 남아 있는 한옥 가운데 가장 아름다운 건물이었을 것이라고 주장하는 사람도 있다. 그런데 지금은 이 앞면만 볼 만하고 건물 전체가 너무나 노쇠해 있다. 안에는 들어가 볼 수 없어 대문 틈으로만 빠끔히 보니 많은 가구들이 사느라 내부가 많이 퇴락되어 있었다. 그리고 지붕도 눈비를 막느라 그 위에 천막 같은 것을 덮어 놓았다. 그러니 집의 꼴이 말이 아니었다. 이전에 이 집을 남산 한옥 마을로 옮기려는 시도가 있었는데 너무나 낡아 포기했다고 한다. 그래서 남산 한옥마을에는 이 건물을 그대로 본떠 지은 집이 있다. 그런데그 집을 보면 이 집의 위용을 제대로 살리지 못해 다른 집같은 느낌이다. 특히 건물 전면을 살리지 못해 그런 느낌이 강하게 든다.

이 집은 앞에서 말한 대로 앞 계단부터 범상치 않다. 먼저 계단 어귀의 양 옆에 있는 돌을 보라. 이것은 이 건물을 지을 당시 일본인들이 계단 옆에 즐겨 놓았던 것으로 추정되는 돌의 모습을 하고 있다. 이 돌과 똑같은 모습은 사진에 보이는 것처럼 남산에 있는 일명 삼순이 계단에 그대로 재현되어 있다. 나는 매일 새벽에 남산을 가기 때문에 항상 이 돌을 만난다. 이 계단은 일제가 이곳에 조선신궁을 만들면서 설치한 것으로 이 계단이나 장식 돌은 그 역사가 거의 100년이 된다. 당시에 일본인들은 돌계단을 만들 때그 어구에 이런 모양의 돌을 놓아 장식하는 것을 좋아했던 모양이다.

서용택 가옥 계단

　계단을 더 올라가면 또 장식 돌이 나오는데 이것도 여
간 신경 써서 만든 게 아닌 것을 알 수 있다. 돌 위에 종의
모습을 음각으로 표현했는가 하면 그 윗부분에는 가운데
부분이 튀어나오게 만들어 놓은 게 매우 이채롭다. 그런
가 하면 계단 옆을 난간처럼 가로막고 있는 긴 돌도 심상
치 않다. 유심히 보면 그 밑부분을 3단으로 깎아 놓은 것을
알 수 있다. 이 집은 이런 작은 부재에도 엄청 신경을 써서
세부적인 부분을 강조해서 만들었다. 그래서 이 계단을 볼
때마다 나와 일행들은 찬탄하곤 했다. 보통 한옥에서는 이
런 세부적인 데에는 그리 신경을 쓰지 않는데 여기는 그
반대로 했기 때문이다. 이런 방식은 일본 건축에서 많이

서용택 가옥 계단 장식 돌

남산의 '삼순이 계단'에 있는 장식 돌

아, 아, 벽수산장이여!!

서용택 가옥 계단 돌 장식

서용택 가옥 계단

아, 아, 벽수산장이여!!

서용택 가옥 계단 난간(밑 부분이 3단으로 되어 있다)

발견되는 전형적인 장식법일 것이다. 이 계단은 현재 오른쪽으로만 나있는데 내가 어디서 들었는지 확실히 기억은 안 나지만 왼쪽으로도 계단이 있었다는 이야기를 들은 적이 있다. 그리고 그 쪽으로 올라가면 벽수산장으로 갈 수 있었다고 한다. 그런데 서울시에서 조사한 자료[16]에 나온 도면을 보니 왼쪽으로는 계단이 없었다. 그런데 그렇게 되면 집이 오른쪽으로 많이 치우치는 감이 있다. 나는 지금까지 전통 한옥 가운데 이런 식으로 정문을 한쪽으로 치우치게 만든 집을 보지 못해 이 집의 구도가 생소하다.

16) 서울시, "옥인동 윤씨 가옥 : 정밀실측조사보고서", 2015.

다음으로는 이 집에 대해 보자. 이 집은 대지가 약 160평 정도이고 건평이 77평이라 하는데 1층 집이 이 정도라면 상당히 넓은 집이라 할 수 있다. 이 집의 전면에는 화강암을 썼는데 이것도 민가에서는 잘 쓰지 않는 부재다. 그리고 당시로서는 고급 소재인 유리창을 도입한 것도 주목해야 한다. 밖으로 드러난 이 집의 호화로움은 기둥과 지붕 사이에 있는 결구에서 적나라하게 보인다. 우선 처마가 날렵하게 솟은 것이 눈에 띈다. 그리고 각 기둥 위에는 구름처럼 생긴 익공들이 날개처럼 튀어 나와 있고 그 사이에는 작은 장식들이 있다. 이 집에서 발견할 수 있는 가장 화려한 부분은 모서리 기둥 위에 있는 장식이다. 건축가들은 전문 용어를 써가며 설명하는데 그쪽 용어는 너무 생소해 쓰지 않는 게 나을 것 같다. 당최 무슨 말인지 이해할 수 없기 때문이다. 건축을 잘 모르는 사람이 보아도 이 부분의 장식은 보통 민가에는 없는 것임을 알 수 있다. 이런 장식은 왕족이나 높은 귀족의 집에서나 발견할 수 있는 것들이다. 어떻든 전문적인 것을 생각하지 않아도 이 집은 돈을 많이 들여 격조 있게 지었다는 것을 알 수 있다.

바깥 부분이 이럴진대 내부는 어떨까 하는 생각이 드는데 들어가 볼 수 없으니 안타까울 뿐이다(그런데 들어가봐야 사진에서처럼 완전히 폐허가 되어 볼 것이 없다). 내부도 분명

서용택 가옥 전면

서용택 가옥 내부

서용택 가옥 처마

서용택 가옥 모서리 처마

아, 아, 벽수산장이여!!

서용택 가옥

세부적인 것들이 살아 있을 것으로 생각된다. 기대하지 않았던 뜻밖의 장식들이 있을 것 같은데 확인하지 못하니 아쉽다. 물론 앞에서 인용한 서울시 자료를 보면 대강은 파악할 수 있지만 이런 것들은 눈으로 직접 보아야 한다. 서울시에서 남산 한옥마을에 이 집을 복원한 집을 보면 계단 부분은 전혀 살려내지 못했다. 그러니 제대로 된 복원이라 할 수 없다. 외부 사정이 이럴진대 내부의 세세한 부분을 잘 살려냈는지 의심이 든다. 어떻든 이런 것들을 통해 추정해보면, 윤덕영은 측실을 아주 많이 아꼈던 모양이다. 이 집 짓는 데에 돈을 많이 썼을 테니 말이다. 그런데 이 여성에 대해서는 알려진 게 별로 없다(이름 정도는 추정할 수 있는데 그 외의 것은 잘 모른다). 또 의문 나는 것이 있다. 이완용도 그랬지만 이 측실들의 집을 보면서 드는 생각은 당시 부자들은 어떻게 첩을 자기 집 안에 들여놓고 같이 살았을까 하는 것이다. 지금 같으면 상상도 할 수 없는 일을 한 것이다. 물론 조선조에서는 이런 일이 가능했지만 근대 사회를 지향하는 당시에 이런 일이 있었으니 재미있다.

벽수산장으로!! 여기서 우리는 오던 길로 다시 가서 일명 '언컹크'길로 불리는 길을 찾아 올라가자. 이 길이 이런 이

상한 이름으로 불리게 된 것은 바로 이 길에 우리가 찾아
가는 언커크(UNCURK, 국제연합한국통일부흥위원회)라는 기
관의 건물이 있었기 때문이다. 이 건물은 다름 아닌 벽수
산장이었다. 이 기관은 1951년에 세워진 것으로 한국전쟁
으로 파괴된 한국을 재건하기 위해 유엔이 만든 것이다.

　　1973년에 해체되는 이 기관에 대해서 필자는 초등학교
시절인 1960년대에 참으로 많이 들었다. 우리를 돕기 위
해 유엔에서 무슨 기관을 만들었다고 말이다. 그래서 공연
히 언커크라고 하면 마음이 든든해지곤 했다. 유엔이 우리
를 돕고 있다고 하니 제대로 알지 못하면서도 기분이 좋았
던 것이다. 그런데 이 기관의 건물이 바로 벽수산장이었다
는 것은 당시에 한 번도 접해보지 못한 정보였다. 이 기관
은 1954년에 이 집에 들어가게 되는데 잘 알려진 것처럼
1966년 벽수산장에 화재가 나면서 이 집살이를 끝마치게
된다.

　　이 이야기를 처음 들었을 때 궁금했던 것은 언커크가 왜
이렇게 후미진 곳에 있는 건물에 자리를 잡았을까 하는 것
이었다. 이곳은 산 속이라 교통이 좋지 않았을 텐데 국제
적인 기관이 왜 이런 곳으로 들어왔는지 모르겠다. 굳이
추측해보면, 6.25가 끝난 직후 서울에는 변변한 건물이 없
었을 것이다. 전쟁 통에 다 파괴되었을 테니 말이다. 언커

크 같은 큰 기관이 들어갈 만한 번듯한 집이 서울에 없으니 이 벽수산장으로 들어온 것 아닐까 하는 추측을 해본다. 그런데 사람들은 왜 언커크가 아니고 언컹크 혹은 엉컹크라는 이름으로 이 길을 부르는 것일까? 이것은 아마도 사람들이 언커크라는 발음이 어려우니 자연히 한국어 가운데 발음이 가장 비슷한 엉경퀴 혹은 언(엉)컹크로 부르게 된 것 아닐까 한다.

벽수산장의 원래 자리에는 아무 흔적이 남아 있지 않아 이 건물의 정확한 위치는 잘 모른다. 추정컨대 이 건물은 이 언컹크 길 변에 있었고 아까 본 서용택 가옥과 박노수 가옥 사이에 있던 것으로 파악된다.

이 집의 역사를 살펴보면, 이 송석원 땅은 장동 김 씨를 비롯해 황실의 외척이었던 민 씨, 그리고 그 뒤에 한두 사람의 손을 거쳐 윤덕영(1873~1940)의 손에 들어온다. 윤덕영은 잘 알려진 대로 순종의 장인인 윤택영의 형이다. 윤택영의 딸이 1906년 황태자비로 들어서자 큰아버지인 윤덕영은 그 힘을 입어 여러 높은 벼슬을 전전하며 나라를 팔아먹는 일에 앞장선다. 특히 고종에게 '한일합방'을 승인하라고 설득하고 회유하는 데에 온갖 노력을 다했다. 이 때문에 그는 이완용에 버금가는 악질 친일분자로 낙인찍힌다. 이러는 과정에서 그는 각종 이권을 챙기고 많은 돈

벽수산장

인왕산 위에서 바라본 벽수산장

벽수산장의 건설을 비난하는 동아일보 기사(1921년 7월 21일 자)

을 갈취하게 된다. 뿐만 아니라 병탄 직후에는 일본 정부로부터 작위는 물론 은사금 5만 원까지 받는데 이런 돈이 있었기에 송석원을 사들이고 벽수산장을 위시한 여러 건물을 지을 수 있었을 것이다.

드디어 실체를 드러내는 벽수산장 1910년에 윤덕영은 옥인동 47번지를 중심으로 하는 송석원 일대의 땅을 매입한다. 그 뒤에도 조금씩 매입해 나중에 그가 소유한 땅의 전체넓이가 약 17,000 평 정도가 되었다고 한다(2만 평이라는 설도 있음). 땅을 산 뒤 윤은 곧 벽수산장을 건설하기 시작했는데 프랑스 어느 귀족이 살던 집의 설계도를 입수해 그것을 따라 지었다고 한다. 그런데 이 집이 완공된 연도가 확실하지 않은데 여기서는 최종현 교수의 설을 따르기로 하겠다. 최 교수에 의하면 공사 중간에 건축업자가 파산하는 등 우여곡절이 많아 1935년경에 가서야 준공했다고 한다. 그러나 1921년 7월 21일 자 동아일보 기사를 보면 이 산장의 본채가 외양적으로는 그 모습이 드러난 것을 알 수 있다. 그 기사에는 이 집의 공사가 10년이 넘었는데 아직 준공되지 않았다고 쓰여 있다. 또 1929년에 촬영된 모습(다음 페이지 사진 참조)을 보면 산장의 본채와 정체를 알 수 없는 양옥이 보이지만 주변이 아직 정리되지 않은 것 같아 공사가 완전히 끝나지 않은 것을 알 수 있다. 이 벽수산장 안에는 모두 19채의 건물이 있었고 이 이외에도 200평이나 되는 넓은 연못, 그리고 과원이나 정원이 있었다고 하는데 이런 것들을 만드느라 많은 시간이 걸린 모양이다.

그런데 정작 윤덕영 본인은 이 집에 정식으로 입주하지 못했다. 그것은 당시 여론이 그에게 대단히 부정적이었기 때문이다. 사람들이 이 집을 '한양의 아방궁'이라고 부르면서 비아냥거린 것은 잘 알려진 사실이다. 조금 전에 인용한 동아일보 기사에서는 '잘 모르고 공사를 맡았다 망한 건축업자가 한둘이 아니고 재판도 여러 번 하는 등' 이집의 공사는 문제투성이라고 지적하고 있다. 또 사람들

언컹크길

이 지역에 오래 산 사람들은 옥인동47번지 일대에 있는 길을 언컹크길이라 부른다. 이 이름의 유래에 대해서 엉겅퀴나 스컹크에서 왔다는 추측이 무성했는데 벽수산장이라는 특별한 건물의 역사에서 온 것이다. 이완용과 함께 대표적인 친일파로 지역의 대부분을 소유했던 윤덕영은 경복궁이 내려다보이는 언덕의 10000평이 넘는 큰 대지에 약 600여평 규모로 불란서식 대저택을 지었다. 주변에 본처, 첩실, 딸의 집들이 들어서 있었고 '조선의 아방궁'또는 '한양 아방궁'이라 불렸다. 6.25이후 벽수산장 주변으로 초가집과 한옥이 들어섰고, 웅장한 벽수산장 건물은 주변의 소박한 경관과 매우 강렬하게 대비되었다고 한다. 사람들은 '돌문안, 빼죽당, 뾰족당'이라고 빈정대며 불렀는데, 소유주인 윤덕영이 죽은 뒤 1954년부터 UNCURK(언커크-국제연합한국통일부흥위원회)에서 본부로 사용되었다. 그러던 중 1966년 4월 5일 지붕 수리 중 2,3층이 화재로 소실되었고, 결국 1973년 도로정비사업을 하며 완전히 철거되어 현재의 고급 단독주택들이 들어선 것이다. 비록 언커크 본부(옛 벽수산장)는 사라졌지만 그 이름만은 그대로 전해 내려와서 현재까지도 주민들 사이에선 엉컹크 혹은 언컹크로 불리고 있다.

언컹크길 안내문

아, 아, 벽수산장이여!!

은 아방궁도 아방궁이지만 도대체 저런 아방궁을 짓는 돈
이 어디서 나오는지 궁금해 한다고 전하고 있다. 이 같은
부정적인 여론 때문에 윤덕영 자신은 이곳에 살지 못하고
이 집 뒤에 있는 한옥 저택에서 살았다고 한다. 이 건물은
1935년에 준공되는데 곧 중국에서 들어온 홍만자회(紅卍
字會)의 조선지부 건물이 된다.

꼬이기만 하는 벽수산장의 운명　홍만자회라는 종교 단체
는 나도 벽수산장에 대해서 조사할 때 처음 들어보았는데
조사를 해보니 도원(道院)이라는 중국의 민간종교가 세운
자선 단체였다. 중국의 민간 종교에 대해서는 대학원 수학
시절에 따로 공부한 적이 있는데 그때에는 이 종파에 대해
서 들어보지 못했다. 그것은 아마 이 종파가 늦게 만들어
졌기 때문일 것이다. 나는 2세기 부터 19세기 말까지 있었
던 중국의 민간 종교를 조사했기 때문에 20세기에 나타난
이 종파에 대해서 알지 못했다.

　이 종파는 1920년대 초반에 산동성에서 만들어졌다고
하는데 교리가 재미있다. 5교, 즉 유불선, 그리고 기독교와
이슬람교가 하나라는 신념 아래 이들 종교에서 가르치는
것을 실천하는 것을 목표로 하고 있다. 즉 '개인의 구도'와
'사회의 구원'이 그것이다. 이 같은 중국의 민간 종교는 내

홍만자사 시절의 벽수산장

박사학위 논문(1989년 간)의 주제 중 하나였기 때문에 하고
싶은 말이 많지만 독자들은 종교에 별 관심이 없을 것 같
으니 그냥 지나치기로 하자. 이상하게도 중국의 민간 종교
들은 세계의 종교가 하나라고 하면서 종교연합운동을 벌
였는데 도원이라는 종파도 같은 일을 한 것이다. 도원은
교단의 가르침을 실현하기 위해 홍만자회라는 단체를 만
들었는데 그 성격은 현재의 적십자 같은 단체와 비슷하다
고 보면 되겠다.

    윤덕영은 바로 이 단체의 한국 측 책임자였다. 그러니까

언커크(UNCRK) 회의 모습

조선지부 대표라는 것이다. 그런데 의문이 생긴다. 윤덕영 같은 희대의 역적이 자선 사업을 했다고 하니 말이다. 그는 왜 이 단체의 책임자를 자처했을까? 추측컨대 그는 이 단체를 이용해 무언가 이득을 취하려고 했을 것 같은데 그게 무엇인지는 확실하지 않다. 어떻든 그는 벽수산장을 이 단체에 빌려주는데 그것은 구실이고 실제로는 자신이 썼을 것이다. 자신이 대표이니 자신의 사무실처럼 이용했을 것이라는 것이다. 남의 눈을 의식해 눈 가리고 야옹 하는 격이라 할 수 있다. 그런데 그의 공식 사무실은 산장 뒤에

아, 아, 벽수산장이여!!

1966년 언커크(UNCRK) 지부로 사용중에 화재가 난 벽수산장(국가기록원
제공)

있는 작은 양옥이었다고 한다. 이렇게 보면 그는 이 벽수산장에서 생활하거나 일을 한 적이 별로 없다고 할 수 있다. 이리도 큰 집을 무리해가면서 지어놓고 정작 자신은 제대로 쓰지 못했으니 그는 도대체 무슨 일을 한 것인지 모르겠다. 헛고생만 한 것이다.

어떻든 그러다가 1940년에 윤덕영은 사망하고 그의 양자가 벽수산장 일대를 상속받는데 이런 큰 저택을 유지하는 일이 쉽지 않았던지 해방 직전에 그는 미쓰이[三井] 광산주식회사에 이 집을 팔아넘긴다. 해방된 다음에는 적산가옥으로 분류되어 불하되었다가 6.25 때는 북한군이 서울을 점령했을 때 북한의 정부청사로도 쓰였다. 그러다 연합군이 서울을 수복한 다음에 이 건물은 미국 장교 숙소로 쓰였고 그 다음에는 앞에서 거론한 언커크의 청사로 쓰인 것이다. 이렇듯 이 집은 몇 번의 유전(流轉)을 거치면서 천덕꾸러기 같은 대우를 받았다. 이 집을 처음으로 지은 윤덕영의 마음이 불순해 그랬는지 이 집은 평탄한 길을 가지 못했다. 대저택으로서 귀한 대접을 받지 못하고 이리저리 굴러다니다 급기야는 1966년에 화마를 만난 것이다. 사소한 보수 공사를 하다가 불이 났다고 하는데 이 때문에 2, 3층이 전소되어 건물로서의 기능은 완전히 상실하게 된다. 그래도 이 집이 워낙 크니까 없애기는 아까웠던지 그대로

벽수산장의 화재를 알리는 신문 기사

놓아두었다가 1973년에 이 일대에 도로정비 사업이 시작되면서 철거되는 운명을 맞이한다.

이 집의 화재 사건과 관련해 앞에서 거론한 고교 후배인 정진택 군이 재미있는 소식을 전한다. 자신의 집이 당시 배화여고 뒷문 쪽에 있었는데 어느 날 옆 동네에 큰 불이 나 검은 연기가 치솟았단다. 이게 바로 벽수산장 화재사건이었다. 불자동차 소리가 주위에서 진동하고 사람들은 웅성거리고 야단났었단다. 이것이 그가 초등학교 4학년 때 겪은 일인데 그 후로는 그 불타버린 산장에 가서 많이 놀았다고 한다. 그 전에는 언커크 사무실로 쓰였으니 범접하지 못하다가 화재 후에는 방치되어 있었을 테니 마음 놓고 가서 논 것이다. 나는 당시에 그런 집이 있었다는 것조차 몰랐는데 내 주변에 이 건물을 직접 체험한 사람이 있다는 게 새삼스러웠다.

　　벽수산장의 뒷이야기　이 건물과 관련해서 여러 뒷이야기가 있다. 서촌을 본격적으로 공부하기 시작한 후 어느 날 나는 "서울의 휴일"(이용민 감독, 1956년 작)이라는 영화를 유튜브로 보고 있었다. 이 영화는 1950년대의 서울 모습을 보여주고 있어 스토리는 별 관심이 없었지만 그 경광들을 보는 맛에 재미있게 보고 있었다. 서울 시청의 옛 모습도 나왔고 훼손되기 전의 한강 모습도 보였다. 그러던 중 이 영화에 사진에서 보이는 것처럼 벽수산장의 원경이 나왔다. 어찌나 반가웠던지... 그때만 해도 이 영화에 이 집이 나온다는 사실을 아는 사람이 별로 없었다. 그런데 곧 소문이 퍼져 지금은 많은 사람이 이 사실을 알고 있다. 이 사진은 인터넷에서 쉽게 검색된다.

　　팁이 하나 더 있다. 이 건물의 모형이 있다는 사실이다.

영화 "서울의 휴일"에 나온 벽수산장

수년 전에 서촌에 갔을 때 나는 어떤 집에서 이 모형을 본적이 있다. 이곳이 지금은 옥인 오락실로 바뀌어 있는데 이전에는 이곳에 서촌공작소가 운영하는 옥인 상점이 있었다. 그리고 그 이전에는 용 오락실이라는 유서 깊은 오락실이 있었다. 이 오락실은 20년 동안 한 할머니가 운영했는데 그 일대의 청소년들에게는 매우 중요한 장소였다고 한다. 그러다 2011년에 이 오락실이 문을 닫게 되는데 이것을 아쉬워한 설재우 씨가 이 집을 인수하고 여기에 옥인 상점을 연 것이다. 벽수산장의 모형은 이 상점 안에 있었다. 그 모형을 보고 누가 이런 걸 다 만들었을까 하고 궁금해 했는데 나중에 설 씨의 책을 보니 그가 장본인이었

벽수산장 모형

다. 자신의 노력과 돈으로 이 모형을 만들어낸 것이다. 서
촌을 사랑하는 마음이 얼마나 컸으면 이런, 아무에게서도
후원받지 못하는 작업을 했는지 참으로 대견하다. 그는 이
작업을 혼자 할 수 없어 건축학을 전공한 이들과 같이 도
모해 다섯 달이나 걸려 모형을 만들었다고 한다. 그런데
이 집이 다시 오락실로 바뀌어 이 모형이 사라졌다. 그래
서 이 모형이 어디에 있나 수소문해보니 이전에 티베트 박
물관으로 쓰던 건물의 옆 건물 3층에 있다는 것을 알아냈
다. 이 건물에 대해서는 나중에 다시 언급할 것이다. 이곳
으로 서촌공작소를 옮기고 모형도 그곳에다가 가져다 놓
은 것이다. 어서 가서 그 현물을 보고 싶은 생각이다. 그런

데 2020년 1월에 다시 가보니 이곳은 서촌복합문화공간인 '별안간'으로 바뀌어 있었다. 이 공간은 도서관처럼 보이는데 들어가 보지는 못했다.

이 정도 보았으면 벽수산장에 대한 이야기는 충분히 한 것 같다. 그런데 문제는 벽수산장과 관련된 흔적이 너무 없어 생생한 이야기를 전할 수 없다는 것이다. 그래서 실제로 답사 갔을 때에는 벽수산장과 관련된 이전 사진을 여러 장 보여주곤 했는데 그렇게 해도 실감이 나지 않았다. 그런 한계를 절감하면서 우리는 다음 답사지로 가자.

수성동 계곡 주변에서

서울에서 가장 아름다운 계곡을 찾아서 - 수성동 계곡 이제 아무 흔적도 남기지 못한 한 많은 벽수산장을 떠나는데 그 길로 계속 올라가면 불국사라는 절이 나온다. 거기서 우리는 마을버스 종점 쪽으로 내려갈 수도 있고 좀 더 올라가 계곡 중간쯤에서 계곡을 거꾸로 내려올 수도 있다. 이 계곡에 처음 오는 사람들은 다 놀란다. 서울에 이렇게 아름다운 계곡이 있었느냐고 말이다. 그런 그들에게 이전에 옥인시범 아파트가 있었을 때의 사진을 보여주면 또 한 번

깜짝 놀란다. 이리도 아름다운 자연에 어떻게 이런 무식한 아파트촌을 만들었느냐고 하면서 놀라는 것이다.

이 계곡이 아름다운 곳이었다는 것은 정선이 남긴 "수성동"이라는 그림을 보면 잘 알 수 있다. 정선은 자신이 태어나고 평생 살았던 이곳 장동 일대를 기리기 위해 "장동팔경첩(壯洞八景帖)"을 만들어 그림으로 남겼는데 수성동 그림도 그 가운데 하나다. 이곳에 있던 아파트를 철거하고 원 모습으로 복원할 때 이 그림을 참조했다는 이야기가 전해진다. 이곳은 거대한 바위 사이로 물이 급하게 흘렀는데 특히 비가 많이 온 다음에는 물의 양이 늘어 그 소리가 크기 때문에 계곡 이름을 아예 수성동(水聲洞)으로 했다고 한다.

정선의 그림에도 나오지만 계곡 아래에는 '기린교'라는 돌다리가 있다. 이곳에 아파트를 건설한 다음 이 다리가 보이지 않으니까 사람들은 이 다리가 사라진 줄 알았다고 한다. 아파트를 지을 때 때려 부수었을 것으로 생각한 것이리라. 아니면 아예 이 다리에 관심이 없었는지도 모른다. 그러다 2007년에 대통령 경호실에서 청와대 부근의 전통 문화 유적을 조사하는 과정에 아파트 옆에 있는 계곡에서 암반 사이에 걸쳐 있는 이 다리를 발견했다. 그 사진을 보면 이 다리 위에 시멘트를 덮어 새로운 다리를 만

수성동 계곡

수성동 계곡 복원 현장(2010.9) (서울역사박물관 제공)

복원 전 기린교

복원 후 기린교

수성동 계곡 주변에서

들어 놓은 것을 알 수 있다. 장대석, 즉 긴 돌 두 개를 나란히 놓아 만든 이 다리 위에 시멘트를 덮고 난간을 만들어 새로운 다리를 만들었던 것이다. 이 돌들이 온전히 있었기 때문에 복원하는 데에는 별 문제가 없었던 모양이다. 이번에 조사해보니 이 기린교는 재미있는 기록을 갖고 있었다. 이 다리는 도성 내에서 제자리에 원형이 보존되어 있으며 통 돌로 만들어진 다리 가운데 가장 긴 다리라고 한다. 하기야 통 돌로 만들어진 다리가 흔하지 않으니 기린교가 이런 기록을 가질 만하겠다.

이 계곡을 제대로 즐기려면 계곡 사이로 난 길들을 모두 돌아다녀보아야 한다. 또 밑에서만 볼 것이 아니라 계곡 위에 있는 인왕산로에서 밑으로 굽어보는 것도 좋다. 나는 인왕산로에서 내려오면서 이 계곡을 감상하는 쪽을 더 추천하고 싶다. 그렇게 하면 계곡의 전체 모습이 들어와 보기 좋다. 그러면서 내를 건너가 보기도 하고 정자에 앉아 보기도 하면서 충분히 즐기면 좋겠다. 사람들이 이 계곡에 오면 밑에서 안내판만 읽고 그냥 가는 경우가 있는데 그렇게 하지 말고 이 계곡에 있는 길들을 다 돌아다녀보라는 것이다. 그렇게 다녀보면 어디를 다녀도 좋은 경치가 있어 이 계곡을 한껏 즐길 수 있다.

이렇게 돌아다니다 보면 몇가지 의문점이 떠오른다. 가

기린교

정선의 "수성동"(기린교가 보인다)

장 먼저 드는 의문은 어떻게 이런 명승지에 '우악(愚惡)스러운' 아파트를 지으려고 했는지 하는 것이다. 이 아파트는 전체가 9동으로 되어 있고 1971년에 지어졌는데 아무리 당시에 문화 의식이 낮았다 하더라도 어떻게 이런 무식한 건설 공사를 강행했을까? 지금으로서는 이해가 안 되지만 사실 당시에 아파트는 매우 고급스러운 주거지였다.

그 때문에 이렇게 숲속에 아파트를 지은 건지도 모르겠다. 고급 거주지니까 자연 속에 지을 생각을 한 건지도 모르겠다는 것이다. 그런데 여기는 지금도 교통이 좋은 곳이 아니다. 마을버스를 타지 않으면 접근이 힘들다. 당시에는 지하철도 없고 버스 연결도 잘 안 되었을 텐데 왜 이런 후미진 데에 아파트를 지었는지 잘 모르겠다.

그 다음으로 드는 의문은 이 돌 위에 어떻게 건물을 세웠냐는 것이다. 건물을 세울 때 가장 중요한 게 기초공사인데 여기처럼 암반이 있을 때에는 어떻게 기초공사를 했을까? 추측컨대 바위에 구멍을 뚫고 무엇인가를 박아 그 기초지지대를 만들지 않았을까 하는 생각이 드는데 만일 이 생각이 맞는다면 바위들이 많이 상했을 텐데 나중에 이것을 어떻게 복원했을까? 지금 이곳에 가보면 여기에 아홉 동이나 되는 아파트가 있었으리라고는 상상조차 하기 힘들다. 아주 말끔하게 복원해 놓아서 그런 생각이 들지 않는 것이다. 상한 자연물들을 어떻게 원상대로 복원했는지 궁금하기 짝이 없다.

나는 이 아파트를 철거할 때 이곳에 온 적이 있다. 연도로 하면 아마 2010년쯤 되겠다. 그때는 이곳에 이처럼 수려한 수성동 계곡이 있는 줄도 모르고 갔다. 가보니 아파트는 텅 비어 있고 유리창은 다 깨져 있는 등 외관이 말이 아니었다. 그래도 신기해서 마구 돌아다녔는데 그때에 사진을 찍어 놓지 않은 게 한이 된다. 그런데 마침 이곳에는 이 아파트의 잔해를 전시하고 있어 다행이다. 이 잔해는 계곡 입구의 오른쪽에 있는데 7동의 일부를 그대로 보존해 놓아 당시의 상황을 알 수 있다.

박노수 가옥 주변에서 - 티베트 박물관 터 등　여기까지 왔으면 서촌 답사는 대강 마무리해야 하는데 아직 제대로 보지 못한 것이 있다. 이쯤 오면 몸이 힘들어져 보통 여기서 마을버스를 타고 경복궁역으로 가서 식당으로 직행한다. 그런데 그러기에는 꼭 보아야 할 것이 몇 개 남았다. 특히 길을 따라 내려가면 곧 만나게 되는 박노수 가옥은 그냥 지나칠 수 없다. 이 가옥 앞에도 마을버스 정거장이 있으니 이 집을 구경하고 버스를 타면 되겠다는 생각이다.

　박노수 가옥으로 가는 도중에 또 볼 것이 있다. 마을버스 종점에서 조금만 내려가면 오른쪽에 꽤 오래된 것처럼 보이는 벽돌 건물이 있다. 이 건물은 원래 티베트 박물관으로 오랫동안 운용되었다. 그런데 이 건물이 그냥 지나칠 건물이 아니다. 역사가 꽤 길기 때문이다. 1920년대에 지어졌다고 하니 역사가 근 100년이 된다. 처음에 어떤 용도로 쓰였는지 모르지만 제2차 세계대전 때에는 전깃줄을

철거 전 옥인 아파트(서울역사박물관 제공)

철거 중인 옥인아파트(서울역사박물관 제공)

수성동 계곡 주변에서

철거된 옥인아파트(서울역사박물관 제공)

옥인아파트 잔해(서울역사박물관 제공)

만드는 군수공장에서 일하는 노무자들의 숙소로 이용되었다고 한다. 오른쪽 옆에도 비슷하게 생긴 건물이 있는데 그것도 숙소였다고 한다.

나는 이 집이 티베트 박물관이었을 때 그 관장과 면식이 있어 서너 번 들어가 본 적이 있다. 티베트 승려들의 옷이나 불상 등 흥미로운 것이 많았지만 이 집의 가장 인상적인 것은 내벽이다. 바위에 대고 그냥 건물을 지었기 때문에 안벽이 부분적으로 바위 자체로 되어 있었다. 그래서 건물의 내부가 매우 투박하다는 느낌을 지울 수 없었다. 또 재미있는 것은 이 박물관 왼쪽 위를 보면 사진에 나오는 것처럼 일제기 가옥이 보인다는 것이다. 아주 낙후된 것으로 보아 사람이 사는 것 같지는 않은데 이 집도 꽤 오래된 것이다. 추정컨대 이 숙소를 관리하던 사람의 집이 아닐까 한다. 이 추정이 맞는다면 그 건설 연도도 이 벽돌집과 비슷할 것이다.

이곳서 조금 더 내려오면 윤동주의 하숙집 터가 나오는데 그가 살았던 한옥은 진즉에 소멸됐고 지금은 현대식 주택이 들어서 있다. 거기서 우리를 맞는 것은 안내판 하나뿐이다. 여기서 윤동주가 하숙하면서 살았다고 하지만 그가 여기에 머문 시간은 아주 짧다. 1941년 5월부터 9월까지 살았다고 하니 말이다. 4, 5개월밖에는 살지 않은 것이

티베트 박물관 터 건물

티베트박물관 터 옆 적산가옥

수성동 계곡 주변에서

다. 그런데 여기에 있는 안내판은 다소 정확하지 않은 정보를 제공하고 있다. 안내판을 보면 윤동주가 여기서 살때 '자화상'이나 '별 헤는 밤' 같은 시를 쓴 것처럼 묘사하고 있다. 이것은 사실이 아니다. '자화상'은 1939년 9월에 만들어졌고 '별 헤는 밤'은 1941년 11월에 쓰였으니 말이다. 이 두 시점은 윤동주가 여기에 머문 시기와 겹치지 않으니 이렇게 말할 수 있는 것이다. 여기는 윤동주를 느낄 수 있는 어떤 것도 없어서 그냥 지나칠 수밖에 없겠다. 그에 대해 자세하게 알고 싶으면 자하문 근처에 있는 윤동주 문학관을 가는 게 낫겠다. 그런데 솔직히 말해 나는 이 문학관에 가본 적이 없다. 왜 윤동주와는 아무 관계도 없는 장소에 그를 기념하는 문학관을 세웠는지 이해할 수 없었기 때문이다. 이 문학관은 서촌에서 다소 떨어져 있어 그것을 보려면 따로 시간을 내야 한다. 그런 게 번거로워 아직 방문하지 못한 것이다.

박노수 가옥을 돌아보며　윤동주 하숙집 터에서 조금만 더 가면 왼쪽으로 박노수 가옥이 나온다. 지금은 '종로구립 박노수 미술관'으로 운영되고 있다. 앞에서 말한 대로 이 집은 윤덕영이 자기 딸 부부에게 1938년경에 지어준 집이다. 윤덕영이 벽수산장을 1935년에 완공했으니 이 딸네 집

1970년대 누상동 풍경, 왼쪽 한옥이 윤동주가 하숙했던 소설가 김송의 집

은 그 뒤에 지어준 것이 된다. 이 집에서 벽수산장을 가려
면 집 뒤로 올라가서 내를 건너가야 했다고 한다. 그런데
드는 의문은 왜 딸네 집을 이렇게 늦게 지어주었느냐는 것
이다. 윤덕영은 1940년에 죽으니 그가 딸 부부와 함께 산
시간은 2년밖에 되지 않는다. 그는 왜 딸에게 이렇게 큰 집
을 지어주었을까? 조사해보니 딸의 결혼을 기념해 이 집
을 지어주었다는 설이 있었다. 이 집을 지을 때 설계는 화
신백화점과 보화각(현 간송미술관), 그리고 인사동에 있는
일명 민가다헌으로 불리는 집을 설계한 박길룡이 했다. 그
의 화려한 경력을 보면 그가 당대 최고의 건축가라고 하는
데에 이의를 제기할 사람은 없을 것이다. 윤덕영이 돈이

윤동주 하숙집 터

많으니 이런 사람에게 설계를 부탁한 것이다.

이 집은 6.25 전쟁이 끝난 뒤에 거의 황폐화 되었다고 하는데 그런 집을 박노수 화백이 1973년에 구입해서 살았다. 그러다가 박 화백은 2011년에 자신의 작품, 그리고 고가구 등과 함께 이 집을 종로구에 기증했다. 이때 그가 기증한 것이 그림을 비롯해 천 여 점이 되었다고 하는데 그 가운데 일부를 이 집에서 전시하고 있다. 이 집에 대한 설명을 보면, 이 집이 한옥과 양옥의 절충으로 지어졌다고 하는데 1층에 온돌방과 마루가 있는 것 말고는 한옥의 모습이 보이지 않는다. 내 눈에는 그저 양옥으로만 보일 뿐이다. 정확히 말하면 일본식으로 개조된 양옥이라고 하는

남정 박노수

게 맞겠다. 또 중국식도 가미되었다고 하는데 내가 직접
찾아보았지만 중국적인 흔적은 발견할 수 없었다. 2층은
마루로 되어 있는데 박 화백의 개인 공간인 화실이나 서재
등으로 이용되었다. 여기에는 그의 대표적인 작품과 함께
그가 그림을 그릴 때 사용했던 도구들이 전시되어 있다.
내가 방문했을 때에는 개관 6주년 기념전시를 하고 있어
그런지 이 도구들을 볼 수 없었다. 그런가 하면 이 집에는
벽난로가 3개나 있어 한껏 멋을 부려 지은 것을 알 수 있
다. 이 집을 돌아보면서 느꼈던 것은 김구가 살았던 경
교장과 분위기가 비슷하다는 것이다. 특히 벽난로를 설치
한 것 등이 그렇다. 경교장은 김세연이라는 사람이 설계했

박노수 가옥 정면

박노수 가옥 베란다

위에서 본 박노수 가옥

박노수 가옥 정원

수성동 계곡 주변에서

박노수 가옥 내부 (서울역사박물관 제공)

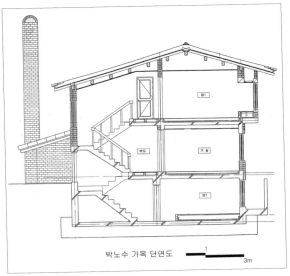

박노수 가옥 단면도

박노수 가옥 단면도 (서울역사박물관 제공)

는데 아마 당시에는 집안을 이렇게 설계하는 것이 유행이었던 모양이다. 그래서 이 두 집의 구조가 비슷하게 보인 것이리라.

박 화백의 호를 따 남정의 뜰로 불리는 정원과 산책로도 볼만하다. 여기에는 박 화백이 직접 돌로 만든 탁자나 수석, 장독 등이 있다. 그렇게 보고 나면 건물 뒤쪽에 있는 전망대로 가는 게 좋겠다. 이 길은 앞에서 말한 것처럼 벽수산장으로 이어지고 그 부근에는 '송석원'이라는 글자가 바위에 새겨져 있을 것이라고 했다. 이 전망대에 오르면 서촌이 전체적으로 보이기는 한데 그냥 다세대 주택들만 보여 그다지 좋은 경치를 선사하지는 않는다. 나는 이 전망대에서 보이는 경치보다 그 너머가 궁금한데 높은 벽이 있어 그 너머는 전혀 볼 수 없었다.

박노수 화백(1927~2013)은 어떤 사람일까? 그는 한국화가로 1950년대부터 주목받는 유명 화가였다. 그는 30세도 안 된 나이에 대한민국미술전람회(국전)에서 대통령상(1955년)을 받으면서 진즉에 성공했고 그 뒤 40여 년 동안 명성을 이어갔다. 흔히들 박 화백을 평할 때 도제식 교육이 아닌 대학에서 정규 미술 교육을 받은 첫 세대라고 한다. 그는 1946년에 서울대 미대에 입학했는데 이런 예가 그 전에는 없었던 모양이다. 이 인연으로 그는 1964년부터 퇴임할 때까지 서울대 미대 교수로 재직한다. 그렇다고 그가 학교에서만 교육을 받았던 것은 아니다. 일찌감치 이상범 화백에게서도 그림을 배웠다. 그가 이때 그림 그리는 게 뜻대로 되지 않자 답답한 마음에 청전에게 물었다. '그림을 어떻게 그려야 하느냐'고 말이다. 이에 청전은 '그림은 운치가 있어야 한다'고 대답했는데 박 화백은 스승의 이 말을 기운생동이라고 해석했다. 동양화를 감상할 때 그림의 기운생동 여부를 판단하는 것은 가장 중요한 방법이다.

그의 그림을 어떻게 보면 좋을까? 그는 청전의 제자답게 전통을 계승하면서도 그것을 새롭게 해석한 화가로 정평이 나있다. 그는 초기의 대표작인 '선소운(仙簫韻)'(1955)과 '월향(月響)'(1956)과 같은 작품에서 알 수 있듯이 고전적인 여인을 그리는 것으로 활동을 시작했다. 이 중에서 선소운은 나도 모르게 눈을 끄는 작품이다. 전통적인 그림 같으면서도 새로운 모습이 보이기 때문이다. 이 그림의 모델은 상명여고에서 가르치던 제자였는데 화실이 없어 숙직실에서 그렸다는 이야기가 전해오고 있다. 이 제목의 뜻은 '신선의 피리소리'라고 해석할 수 있는데 이 모델과 신선의 피리가 무슨 관계인지 궁금하다.(이 그림은 인터넷에서 쉽게 찾을 수 있다)

그 뒤부터 그는 대담한 구도나 추상적인 분위기를 시도하면서 박노수 고유의 화풍을 만들어나갔다. 이때 주로 등장하는 모델은 소년이나 말, 사슴, 강, 수목 등인데 이런 대상을 그리면서 그는 동양적인 선에 대한 감각과 함께 강렬하고 신선한 색채를 구현했다는 평이 있다. 그는 매우 관념화된 형태로 그렸고 동시에 파격적인 구도를 즐겼다. 또 색채도 눈에 띄는데 1980년대 이후에 그가 즐겨 사용한 '군청색'은 명도와 채도가 높아 보는 사람의 마음을 시원하게 해준다. 박 화백의 그림에 대한 평론을 가장 많이 한 이경성 씨는 그의 그림의 요체를 '구성력', '색채감', '정신 내용'으로 요약해 설명하고 있다. 이 정도의 설명이면 독자들이 이 미술관에 가서 그의 그림을 볼 때 조금은 도움이 될 것이다.

그런데 이 미술관과 관련해 조금 이해가 안 되는 점이 있다. 통제가 심하다는 느낌을 받는 것이 그것이다. 지금 이곳서는 3천 원의 입장료를 받고 있다(종로구민은 무료). 이것까지는 괜찮다. 물론 요즘 관청에서 운영하는 박물관이나 미술관들은 돈을 전혀 받지 않는 현실과는 조금 거리가 있지만 말이다. 이해가 안 되는 것은 건물만 구경하는 데에도 입장료를 받는다는 것이다. 나는 다른 것보다 집 뒤에 있는 전망대에 올라가서 벽수산장으로 가는 길이 있는지 확인하고 싶었다. 그런데 이것만 보는 데도 입장료를 내라고 한다. 아니, 집 한 번 둘러보는 데에도 돈을 내야 한다니 이해가 안 되었다. 그런가 하면 집안에서도 촬영을 일절 금했다. 나는 박 화백의 그림보다 집 내부를 촬영하고 싶었는데 이것도 못하게 한 것이다. 요즘은 국립박물관에서도 사진 찍는 것을 허용하는데 이게 뭐하자는 건지 모르겠다. 그렇게 제재를 많이 가하려면 돈을 받지 말아야 할 텐데 돈은 돈대로 받으니 어불성설이다. 아마 사람들이 그림을 마구 찍어 제멋대로 유포할까봐 사진을 못 찍게 하는 것 같은데 박 화백의 그림은 인터넷에 널려 있다. 여기서 찍지 않아도 얼마든지 구할 수 있다. 이처럼 이 미술관의 관람과 관련해 종로구청이 유난히 까다롭게 구는 것은 이해가 안 된다.

이제 마을버스를 타고 식당으로 가야할 텐데 시간이 남으면 그 앞에 있는 백호정 글씨를 보러가도 좋다. 미술관 앞길인 옥인3길로 계속 올라가면 바위에 '백호정(白虎亭)'이라는 글자가 새겨진 것을 볼 수 있다. 이 근처에는 과거에 백호정이라는 국궁장이 있었다고 한다. 당시 서촌에는 5군데의 국궁장이 있었는데 지금은 황학정 하나만 남았다. 그런데 이 백호정은 찾는 일이 용이하지 않다. 내가 처음 이곳에 갔을 때 그 느낌을 잊을 수 없다. 사진에서 이

백호정 글씨

정비되지 않은 백호정 글씨 주변

수성동 계곡 주변에서

글씨를 보았을 때는 이곳이 운치 있는 곳일 것이라고 예상했는데 실상은 영 아니었다. 보존 상태가 좋지 않았다. 주변이 지저분하고 방치되어 있는 느낌이었다. 안타까웠다. 이런 명소를 잘 가꾸면 동네 가치도 올라갈 텐데 주민들은 그런 것에는 관심이 없는 모양이었다. 조금 뒤에 거론할 테지만 배화여고 안에 있는 필운대를 보는 느낌이었다. 필운대도 보존 상태가 아주 좋지 않았기 때문이다. 가외의 이야기이지만 이곳으로 가다가 나오는 오른쪽 골목길을 따라 가면 이중섭 화백이 살던 집이 나오는데 이 길은 너무 복잡해 설명하기 힘들다. 게다가 완전히 다른 집으로 바뀌어 있어 가보아야 이 화백의 흔적은 아무것도 찾아볼 수 없다. 그래서 백호정 글자까지 보면 이 지역의 답사는 대체로 끝난 것이라고 할 수 있다.

그 외 가볼 곳을 찾아

이것으로 서촌 답사는 끝났지만 도저히 위의 코스 안에 넣을 길이 없어 빠진 곳이 몇몇 군데 있다. 이 지역은 서촌의 왼쪽 밑으로 치우쳐 있어 이곳으로 가려면 따로 날을 잡아야 한다. 서촌 입구에서 배화여대 가는 길로 들어서면 오른쪽으로 곧 홍건익 가옥이 나온다. 이곳에 갈 때마다 느끼는 것이지만 방심하면 이 집은 지나치기 일쑤다. 한옥이 없을 것 같은 곳에 갑자기 이 집이 나타나기 때문이다. 이 집의 뒷문은 환경연합 건물로 이어지니 그곳으로 들어와도 된다.

서촌에서 가장 큰 한옥? - 홍건익 가옥으로 이 집의 첫 느낌은 조금 생소하다는 것이다. 보통 한옥 같으면 평평한 지대에 건물들이 옆으로 퍼져 있는 경우가 많은데 이 집은 전체 건물 5동(대문채, 행랑채, 사랑채, 안채, 별채)이 일자처럼 한 곳에 몰려서 배치되어 있기 때문이다. 낮은 언덕의 지형에 맞게 건설되었는데 건물의 옆쪽 공간이 너무 없어 이상하게 보인다. 이 모습은 후원에서 보면 잘 알 수 있다. 후원은 언덕 높은 곳에 있어 건물들이 다 내려다보이기 때문이다. 이 집에 처음 갔을 때 나는 이 모습을 보고 이것은 이 집의 원래 모습이 아닐 것이라고 항변했다. 왜냐하면 건물들이 너무 담벼락에 밭게 지어졌기 때문이다. 그 때문에 안채에서 후원으로 가는 길이 아주 좁게 되어 있었는데 한옥은 보통 이렇게 짓지 않는다.

그래서 조사해보았더니 이 집의 원래 대지는 이보다 2배는 컸다고 한다. 현재 대지가 약 220평이라고 하는데 원

홍건익 가옥 정면

래는 약 450평쯤 되었다고 한다. 아마도 원래는 이 대지의 양 옆이나 한쪽에 훨씬 넓은 공간이 있었을 것이다. 그래야 여유가 생기고 집답게 보인다. 그런데 언제 이렇게 줄어들었는지는 알려져 있지 않다. 이 집이 홍건익 가옥으로 불리는 이유는 그가 1930년대에 지었기 때문이다. 그 전에는 고영주라는 당대에 이름 있는 역관이 여기에 집을 짓고 살았다고 한다. 상인이었던 것으로 전해지는 홍건익이 이곳에 집을 지을 때 이렇게 대지를 줄인 것인지 아니면 나중에 줄인 것인지 확실하지 않다. 1950년대 후반에 집 규모를 절반으로 줄이고 1970년대에 대대적인 보수를 했다는 설도 있는데 이것도 확실한 것은 아니다. 나는 나중

홍건익 가옥 안채 내부

홍건익 가옥 안채

그 외 가볼 곳을 찾아

홍건익 가옥 일각문과 별채, 안채

홍건익 가옥 우물

후원에서 바라본 홍건익 가옥

에 집 규모를 줄었다는 데에 한 표를 던진다. 왜냐하면 홍
건익이 처음에 집을 지을 때 이렇게 답답하게 집을 지었을
리가 만무하기 때문이다. 그러다 무슨 일이 있었는지 모르
지만 어쩔 수 없는 이유 때문에 나중에 대지를 팔고 지금
처럼 땅을 반으로 줄인 것 같다. 그러다가 2011년에 서울
시가 이 집을 매입해 대대적인 보수 공사를 하게 된다. 그
뒤에 민속문화재로 지정하고(2013년) 보수가 다 끝난 2017
년에는 시민들에게 무료로 공개하기 시작했다.

　이 집이 문화재로 지정된 것은 1930년대의 한옥이 갖고
있는 원형과 특징이 잘 보존되어 있기 때문이란다. 비록
대대적인 보수를 했지만 서촌에 이런 규모의 한옥이 남아

있는 예는 거의 없다. 또 이 집은 우리가 직접 들어가서 볼수 있으니 그런 의미에서 귀중한 집이라 할 수 있다. 이 집에 가면 세부적인 면도 면밀히 보아야 한다. 이 집의 특징이 드러나기 때문인데 이것은 세심하게 보지 않으면 발견하기 힘들다. 안채의 마루 밑을 보면 팔괘 문양이 장식되어 있는 것을 알 수 있다. 또 별채의 화초벽에도 태극이나 이화, 연꽃 문양이 있다. 이 집의 우물도 주목 받는 모양이다. 서울에 있었던 한옥 가운데 실제 우물의 원형이 남아 있는 유일한 예라는 평이 있는데 내가 다른 집을 다 조사해본 것은 아니라 이 정보는 확실하다고 할 수 없다. 이 집을 감상할 때 가능하다면 복원하기 전의 사진과 같이 보면 좋다. 양자를 비교해보면 이 집이 원래의 모습대로 복원되었다는 것을 알 수 있다. 이 집의 원래 모습은 인터넷에서 쉽게 검색된다.

배화여고 안에 문화재가 3개나? 다음 갈 곳은 말할 것도 없이 배화여고 안에 있는 필운대다. 홍건익 가옥에서 조금만 가면 배화여고 정문이 나오고 끝까지 가면 여고 교실 건물 뒤에 필운대라고 쓴 글씨를 만날 수 있다. 그런데 그리 가기 전에 또 볼 것이 있다. 정문에 서면 배화여고 생활관으로 불리는 작고 아담한 건물이 보인다. 이 건물은

배화학원을 세운 선교사 J. 캠벨 흉상

2004년에 국가등록문화재(93호)로 지정되었는데 건축 년대가 1910년대 중반이니 그 역사가 110년 정도 되는 상당히 오래된 건물이다. 이 건물은 배화학원을 세운 미국 남감리교 소속의 선교사들이 숙소로 쓰려고 세운 것이다.

이 건물은 목조 집을 짓고 기와로 지붕을 만들었는데 지붕의 구조와 재료가 우리의 눈을 끈다. 이 집의 지붕은 집 뒤에 있는 것으로, 이 학교를 세운 선교사인 J. 캠벨(1852~1920)의 흉상이 있는 곳으로 가면 잘 볼 수 있다. 한옥의 전통 양식인 팔작지붕의 형태를 띠고 있지만 지붕의 전체적인 모습은 서양식이다. 그런가 하면 여기에 쓰인 기와는 한식과 일식이 혼합된 개량기와라고 한다. 또 지붕

배화여고 생활관 전경(서울역사박물관)

배화여고 생활관 정면(서울역사박물관 제공)

배화여고 생활관 내부

바로 밑에 한옥에서 보이는 짧은 서까래(부연, 附椽)를 장식으로 넣은 것도 눈길을 끈다. 이 건물을 지은 사람은 서양식의 건물을 지으면서도 한옥적인 요소를 과감하게 끌어들인 것이다. 그런 면에서 이 건물은 귀중한 유산임에 틀림없다.

그런데 이 건물을 볼 때 이런 구조적인 것보다 더 신경써서 살펴보아야 할 것이 있다. 이렇게 구조적인 것을 보는 것은 그저 외양만 보는 것에 불과하다. 이것과 함께 중요한 것은 이 집을 만들고 살았던 사람의 입장에 서는 것이다. 그것을 체험하고 싶으면 이 집의 현관 앞에 서면 된다. 이 집의 특성은 밖에서 보는 것 가지고는 설명이 안 된다. 이 집의 현관에 있는 발코니에 서 보면 왜 여기다 집을 지었는지 알 수 있다. 앞이 탁 트여 서촌이나 경복궁이 다 보이고 멀리는 남산과 백악산이 보여 아주 좋은 경치를 선사한다. 지금은 높은 건물들이 있어 시야를 조금 가리지만 초기에는 그런 것이 없었을 테니 경치가 얼마나 좋았을까? 이 집에 사는 사람들이 아침에 문을 열고 나왔을 때 느낄 수 있는 그 상쾌함을 어떻게 표현할 수 있을까? 추정컨대 이 집을 지은 미국인들은 고향에서 교회 짓던 생각이 나서 이런 언덕에 집을 지었을 것이다. 그들은 교회를 항상 이런 언덕에 지었기 때문이다. 이 집을 찍은 사진들을 보면 대부분 이 집만 찍는데 사실은 이 집에서 밖을 보아야 이 집의 유용성을 잘 알 수 있다. 나도 학생들과 함께 이곳에서 발코니의 기둥과 산을 배경으로 사진을 찍어보니 흡사 유럽의 고건물에 답사 온 것 같아 재미있었다. 이 비슷한 집을 꼽으라면 딜쿠샤 가옥이 생각난다. 이 집도 인왕산 남쪽 언덕에 홀로 있어 아주 좋은 전망을 갖고 있다.

　이 학교에서는 이 집을 집중적으로 보고 다른 집은 그냥 지나가면서 보면 된다. 이 생활관에서 바로 밑을 보면 '서울 배화학원 캐롤라이나관'이라 이름 붙여진 과학관이 있다. 이 건물은 생활관과 같은 시기에 지어졌는데 처음에는 2층이었는데 수 년 뒤에 4층으로 증축했다고 한다. 이 건

보수 공사 중인 배화여고 과학관

물의 구조에 대한 설명이 있기는 한데 이 건물에는 들어갈 수 없으니 그 설명을 읽어보아도 무슨 말인지 알 수 없다. 우리는 이 건물이 2017년에 등록문화재(제672호)가 되었다는 것만 알고 지나가자. '근대 여성 교육시설로서의 보존·활용 가치가 있다'고 판단해 문화재청에서 문화재로 등록한 것이다.

한때 이 건물은 철거 위기에 봉착한 적이 있었다. 학교 이사회 측이 기숙사 등을 짓기 위해 이 건물을 철거하려고 했던 것이다. 그러나 동문들이 반대하는 바람에 뜻을 이루지 못했다. 이런 이야기를 들으면 안타깝다는 생각이 든다. 학교의 주인들이 백 년도 더 된 역사적인 건물을 헐 생각을 했다는 게 정녕 이해가 안 된다. 다른 학교는 이런 게 없어서 걱정인데 그런 건물을 갖고 있는 학교가 스스로 그것을 부수려고 했다니 어이가 없는 것이다. 어떻든 뒤늦게나마 보존하기로 결정해 천만다행이다.

필운대로 가려면 현재 배화여고 본관으로 사용하고 있는 캠벨기념관을 만나게 된다. 이 건물 역시 과학관과 더불어 등록문화재(제673호)로 지정되었다. 이 건물은 생활관이나 과학관보다 늦은 시기인 1926년에 건설되었다. 그 이전에는 여기에 어떤 건물이 있었는지 궁금해진다. 이 건물을 자세히 보면 새로 지은 것 같은 느낌을 받는데 그 이유는 1970년대 중반에 대규모로 보수했기 때문이다. 사실 이 건물은 6.25때 반파될 정도로 큰 피해를 보았다고 한다. 그런데 다행히 본래의 모습을 잘 살려내서 복원했기 때문에 문화재로 등록된 것이다. 이 건물을 포함해서 배화여고는 문화재를 3개나 보유한 것이니 대단한 일이라 하겠다.

2019년 12월에 답사 차 와서 이 본관 앞을 지날 때였다. 어떤 여고 관계자가 우리 일행을 보고 어떻게 왔느냐고 물었다. 그래서 답사를 왔다고 하니 그는 이렇게 함부로 들어오면 안 된다고 힐난조로 말했다. 그래서 나는 '경비실에서 아무 이야기가 없어 들어왔다'고 했지만 저쪽은 막무가내였다. 이곳은 여고이기 때문에 안전이 중요하다면서 앞으로 오려면 공문을 보낸 다음에 오라고 했다. 이 말을 듣고 여간해서는 내 정체를 밝히지 않는 내가 '나는 (이화)여대 교수'라고 하면서 안심하라고 부탁했다. 그러나 그는 들은 체도 안 하고 자기 말만 계속해서 했다. 나는 주의하겠다고 공손하게 다짐하고 필운대로 향했다.

필운대 유감　이런 이야기를 시시콜콜 하는 이유는 필운대에 가서 밝히려고 한다. 필운대라는 글자가 새겨진 곳은 배화여고 교사 뒤에 있다. 그 위치가 후미져도 그렇게 후미질 수가 없다. 그런데 정작 그 앞에 가면 '출입금지'라고 쓰여 있는 입간판으로 입구를 막아놓았다. 그러나 안으로 들어갈 수는 있다. 안은 정리가 너무도 되어 있지 않아 지저분하다는 느낌을 짙게 받는다. 그래서인지 이곳에 가면 이곳과 관련된 이야기들을 하기가 싫어진다. 이곳에 관해서는 많은 이야기가 있다. 즉 이곳이 그 유명한 '오성과 한음' 가운데 오성인 이항복이 살던 집터이고, 이 '필운대'라는 글씨는 그가 쓴 것이며 그 옆에 새겨진 문장은 오성의 자손인 이유원이 이곳을 방문했을 때 썼고. 그 옆에는 이 필운대와 관계가 있는 사람들의 이름이 쓰여 있다는 그런 상투적인 설명 같은 것에는 그다지 마음이 가지 않는다. 또 이 글씨가 서울시 문화재 자료 제9호라는 설명도 귀에

필운대(弼雲臺) 글자

정비되지 않은 필운대 주변

들어오지 않는다. 이런 해설사 식의 설명은 이곳에서는 무색해진다. 여기서는 다른 이야기. 즉 이곳의 보존 상태가 너무 나쁘다는 것에 쏠려 다른 데에 관심이 가지 않는다. 보존 상태가 이 모양이라 무슨 이야기를 하든 무색해진다.

이 필운대는 한양에 살던 사람들이 봄에 꽃구경 가는 장소 중 수위를 다투는 곳이었다고 한다. 즉 필운대의 살구꽃(杏花) 놀이는 성북동의 복사꽃 놀이, 홍인문 밖의 버들놀이 등과 같이 한양에서 유명한 봄나들이 놀이로 잘 알려져 있었단다. 그러니 이곳이 당시 얼마나 아름다운 곳이었을지 쉽게 짐작할 수 있다. 그런데 지금 이곳은 건물에 가려져 있을 뿐만 아니라 전혀 정비가 되어 있지 않아 과거의 명성이 무색하기 짝이 없다. 나는 도저히 이러한 처사를 이해할 수 없었다. 오성이 누구인가? 그에 대해서는 다시 읊을 필요 없을 게다. 명재상이자 청백리로 이름이 높았던 사람 아닌가? 게다가 우리는 그를 더 친숙하게 느끼는데 그 이유는 한음 이덕형과 더불어 매우 재미있는 일화를 많이 남긴 사람이기 때문이다. 한국인치고 그의 재치와 담력을 모르는 사람이 없을 것이다. 조선조에는 수백 명의 재상이 있었을 터인데 오성처럼 역사책이나 설화집에 나오는 사람은 드물다. 그렇다면 그와 관련된 유적은 신경을 써서 잘 보호해야 한다.

그런데 이 필운대는 정반대의 길로 가고 있다. 게다가 여기는 학교 아닌가? 학교야말로 조상들의 유적을 잘 보존하고 학생들에게 전해야 하거늘 이 필운대는 천덕꾸러기처럼 되어 있다. 하기야 조금 전

백사 이항복 초상화 (국립중앙박물관 제공)

에 본 것처럼 학교 이사라는 사람들이 학교 안에 있는 백년도 더 된 역사적인 건물을 부수자고 했으니 이런 글씨는 안중에도 없을 것이다. 자기네들의 역사도 부정하는 판에 먼 조상들의 역사가 소중하겠는가?

나보고 이곳을 설계하라고 했으면 나는 절대 이 필운대 앞에 건물을 짓지 않을 것이다. 그리고 이 주변을 아름답게 꾸며 학생들이 쉴 수 있고 조상들의 역사를 배울 수 있는 귀중한 공간으로 만들 것이다. 그렇게 하면 학교 전체가 아름다워지고 학교 홍보가 되어 학교에게도 도움이 될 것이다. 아까 앞에서 이 학교 관계자와 실랑이가 있었던

것을 소개했던 이유는 이 필운대를 이렇게 만들어 놓고 그나마 답사 오는 사람들을 규제하는 게 앞뒤가 안 맞는 행동 같아 하는 소리다. 학생들의 안전은 물론 중요한 것이지만 이 같은 유적을 잘 활용하여 학교도 득이 되고 지역에도 도움이 되는 그런 길을 찾아 보면 좋겠다.

사직단에서 이 지역에 대한 간단한 답사가 끝나면 앞에서 말한 대로 사직단 쪽으로 가서 황학정을 거쳐 수송동 계곡으로 갈 수도 있다. 매동 초등학교와 사직단, 그리고 종로도서관을 거쳐 조금만 더 올라가면 국궁장인 황학정이 나온다. 그리고 거기서 산길을 따라 조금만 더 가면 수송동 계곡으로 갈 수 있다고 했다.

이 길을 가다가 만일 시간이 되면 사직단을 잠깐 훑어보는 것도 좋을 게다. 답사가 다 끝나가는 시점에서 사직단에 대해 일일이 설명할 생각은 없다. 그저 생각할 거리 몇 개만 제공하고 지나려 한다. 사직단이 땅의 신인 사신(社神)과 곡식의 신인 직신(稷神)을 제사지냈던 장소라거나 동쪽 제단에는 사신을 모시고 서쪽 제단에는 직신을 모셨다는 등의 일상적인 설명은 하지 않겠다. 그보다는 문제점 중심으로 설명했으면 한다.

내가 항상 의문시 했던 것은 이 사직단의 위치다. 잘 알

공사 중인 사직단

려진 것처럼 궁궐을 가운데에 놓고 왼쪽과 오른쪽에 각각 종묘와 사직단을 설치하는 것은 중국적인 형식이다. 문제는 그 위치이다. 중국은 이 양 건물을 궁궐 안에 만들었다. 그래서 자금성을 보면 천안문을 가운데 두고 바로 옆에 태묘와 사직단을 만들었다. 이것은 사대부 집에서 사당을 집안에 두는 것과 같다. 그렇게 해야 조상들께 문안드리고 제사지내기가 편하지 않겠는가? 그런데 왜 조선은 종묘와 사직을 궐 밖에 두었을까? 특히 종묘는 한 번 왕이 행차하려면 가마를 타고 한참 가야 한다. 모든 것을 중국의 법도에 따르려고 노력했던 조선 사람들이 왜 여기서는 중국식 법도를 따르지 않았는지 궁금하다.

일제강점기 시절 사직단 (국립중앙박물관 제공)

사직단

그 다음 사항은 사직단의 규모에 대한 것이다. 원래의 사직단은 규모가 이보다 훨씬 컸는데 그것은 사직단의 지도를 보면 알 수 있다. 2020년 2월 현재 사직단에서는 복원 공사가 한창 진행 중이다. 사직단은 일제에 의해 1920년대 초에 공원으로 조성되면서 그 기능을 완전히 상실했다. 해방된 뒤에도 사정은 그리 좋아지지 않았다. 사직단 후원이 있던 자리에 수영장이 들어설 정도로 사직단은 철저하게 유린되었다. 사직단 권역을 다 복원하려면 현재 있는 종로도서관이나 어린이 도서관, 단군 성전 등이 모두 철거되어야 한다. 이곳은 원래 사직단의 후원이었기 때문이다. 이 문제 때문에 주민들과 마찰이 있었다고 하는데 어떻게 해결될지는 아직 미지수다. 도서관이 두 개씩이나 없어지는 것은 인근 주민들 입장에서는 막고 싶은 일일 것이다.

그런가 하면 이 정문도 잠깐 들여다보아야 한다. 이 정문은 놀랍게도 보물 177호다. 임란 후에 만들어졌으니 역사도 400년이 훨씬 넘는다. 이 문이 보물이 된 것은 이런 종류의 문이 별로 남아 있지 않아서 일 것이다. 이 문의 양식에 대한 설명은 전문적이라 생략하고 다만 유교적으로 대단히 격식 있고 단정하게 지은 건물이라고 생각하면 되겠다. 이 문과 관련해 꼭 알아야 할 것은 이 문이 원래의

사직단 정문

사직단 정문에서 바라본 사직터널

그 외 가볼 곳을 찾아

단군성전

위치에 있지 않다는 것이다. 본시 이 문은 지금보다 24m
정도 앞에 있었다고 한다. 1962년에 14m를, 1973년에는
10m를 뒤로 이전했으니, 도합 24m를 옮긴 것이 된다. 문
이 원위치에 있으면 사직단의 영역이 훨씬 더 확대될 것이
다. 그런데 이 문을 옮긴 이유가 가관이다. 앞의 도로를 넓
히면서 그렇게 했다는 것이다. 그것도 두 번씩이나 말이
다. 지금 같으면 있을 수 없는 일이 당시에 벌어진 것이다.
그까짓 길 하나 내겠다고 문화재를 옮기는 일은 아주 무식
한 짓인데 당시는 이런 일을 비일비재하게 했다.

　이 문의 이전은 사직터널과 연관되어 있다. 이 터널은
1967년에 만들어졌는데 서울에서 최초로 생긴 '도로 터널'

황학정

황학정 국궁장

그 외 가볼 곳을 찾아

우당 이희영 기념관

로 정평이 나 있다. 터널을 만들기 전에는 사직단 앞에는 도로가 없던지 혹은 있어도 아주 좁은 도로만 있었을 것이다. 그러니 사직단의 정문을 옮길 이유가 없었을 것이다. 그러다 터널을 만드니 교통량이 늘어 도로를 확장했을 것으로 생각된다. 사직터널 이야기가 나온 김에 한 가지 더 언급해보면, 이곳에 오면 우리는 사직터널이 뚫리지 않았을 때를 상상해보아야 한다. 사직단 위로는 산으로 길이 막혀 있었을 것이고 사직단 후원을 비롯해 주변이 모두 숲으로 되어 있었을 것이다. 그때는 이 사직단과 주변이 매우 아름다웠을 텐데 지금은 그 흔적을 어디서도 찾을 수 없다.

해공 신익희 가옥

　만일 이렇게 사직단까지 오게 된다면 답사는 정말로 끝이 난다. 단군성전을 거쳐 황학정까지 가면 다시 이곳으로 돌아오기 힘들기 때문에 이곳서 식당으로 가는 경우가 많다. 조선 말기부터 잔존해온 유일한 국궁장인 황학정에 가면 또 설명이 길어진다. 왜냐면 한국인과 활에 얽힌 이야기가 너무도 많기 때문이다. 한국인이 세계에서 활을 제일 잘 쏘는 민족이라든가, 한국의 국궁은 인류가 만들어낸 활 가운데 최고라든가, 국궁의 사거리가 가장 멀다든가 하는 등등 이야기가 쌓여 있다. 한국인들이 왜 활을 잘 쏘는가에 대해서는 내가 다른 졸저(『한국의 신기』)에서 이미 나름대로 밝혔다. 이런 식으로 활에 관한 이야기를 풀기 시작하면 끝이 없을 것 같으니 예서 끊는 게 낫겠다.

관심 있는 사람은 이 황학정에 있는 국궁전시관을 답사하면 되겠다. 이곳에는 한국의 활뿐만 아니라 다른 나라의 활이 다양하게 전시되어 있다. 이 전시관에 있는 설명 가운데 전해주고 싶은 것은 이 황학정의 위상에 관한 것이다. 지금 전국에는 380여 개의 활터가 있다고 하는데 이 황학정이 그 종가 같은 역할을 한다고 한다. 황학정은 원래 경희궁 안에 있었는데 1922년에 일제가 이곳으로 옮겼다고 하니 여기에서의 역사도 백 년이 된다. 그러니 전국에 있는 활터 가운데 으뜸이라고 할 수 있을 게다. 이 전시관에서는 활을 만드는 체험도 할 수 있으니 따로 방문하면 좋겠다는 생각이다.

답사 후기

이렇게 서촌을 돌고나니 수백 년의 시간을 지나온 것 같다. 조선 초기부터 시작해서 지금까지의 역사를 훑었으니 그런 말이 나옴직하다. 이 서촌에 등장했던 사람들의 면모를 보면, 초기의 왕족을 비롯해서 사대부, 중인, 서양 선교사, 친일분자, 예술가 등 매우 다양했다. 그런가 하면 지금은 상권이 형성되어 많은 한국인들이 여러 이유로 찾는 매력적인 지역이 되었다. 그러니까 서촌은 조선 초기부터 지금까지 살아서 움직이고 있는 곳이라 할 수 있다. 서울 전 지역에서 이렇게 오랜 시간에 걸쳐 사람들의 사랑을 받은 지역은 몇 안 될 것이다. 그래서 서촌에 오면 다양하기 짝이 없는 스토리를 만나게 된다. 게다가 이 서촌은 다른 한옥 밀집 지역인 북촌이나 익선동과 달리 인왕산이라는 수려하기 짝이 없는 자연이 옆에 있다. 그래서 이 자연과 함께 인간이 만든 문화나 역사를 동시에 만끽할 수 있어 더할 나위가 없이 좋은 지역이다. 서촌은 아무 때나 와서 돌아다니면서 과거를 느끼고 배고프면 좋은 식당에 가서 맛난 음식 먹을 수 있으니 한 번 오면 모든 것을 해결할 수 있는 최적의 답사지라 하겠다.

이 책을 쓰면서 아쉬웠던 것은 이번 책에 서촌의 모든

사연을 담지 못했다는 것이다. 그 점이 애석하기는 한데 이 책은 손에 들고 다닐 수 있게 간편하게 만들 요량으로 기획한 것이라 욕심 부리지 않았다. 작은 책에 너무 많은 정보를 담으면 독자들이 체할 것 같아 자제한 것이다. 예를 들어 한말에 고위직에 있다가 중국에 가서 열렬하게 독립운동을 펼친 김가진 선생을 다루지 못한 것은 유감이다. 그가 마지막에 살았던 집은 지금 삼계탕으로 유명한 '토속촌'이라는 식당 터였다고 한다. 그리고 현대 미술에 큰 획을 그은 이중섭이나 이쾌대를 다루지 않은 것도 안타까운데 그들의 흔적이 너무 남아 있지 않아 어쩔 수 없었다. 또 유명한 여간첩 사건의 주인공인 김수임도 언급하지 않았다. 김수임은 보통 이완용의 집에서 살았다고 전해지는데 그 집은 현재 남아 있는 저택이 아니고 그 저택 옆에 있는 2층짜리 일본식 집이었다고 하는데 지금은 흔적도 없이 사라졌다. 또 자하문로 건너에는 신익희와 이광수의 집터도 있으나 그것도 다루지 못했다. 이처럼 서촌에는 답사할 곳이 너무도 많다.

이렇게 거론하다 보니 서촌으로 다시 들어가야 할 것 같은 느낌이 든다. 마음을 다잡고 정말로 예서 마지막 종을 쳐야겠다. 독자들이 만일 서촌 답사를 나선다면 이 책에 나온 내용을 하루 안에 섭렵하는 것은 어려울 것이다. 따라서 집중해서 보아야 할 곳을 정하고 그 근처 맛집까지 선정하면 좋은 답사가 되리라 믿는다. 나도 이번에 이 책을 쓰면서 서촌을 새삼스럽게 구석까지 알게 되어 기쁜 마음이 크다. 독자들도 답사를 다니면서 같은 느낌을 받았으면 좋겠다.

최준식 교수의
서울문화지 VI

서촌
이야기

지은이 | 최준식

펴낸이 | 최병식

펴낸날 | 2020년 7월 1일

2쇄 | 2022년 6월 20일

펴낸곳 | 주류성출판사

주소 | 서울특별시 서초구 강남대로 435(서초동 1305-5) 주류성빌딩 15층

전화 | 02-3481-1024(대표전화)   팩스 | 02-3482-0656

홈페이지 | www.juluesung.co.kr

값 12,000원

ISBN 978-89-6246-421-4 04980

ISBN 978-89-6246-344-6 04980(세트)